ISBN: 3 –921 270 – 14 – 6

Band 4 C **Der Privatflugzeugführer**
SATELLITENNAVIGATION

Verfasser: Jan Kupzog

Band 4 C	**Der Privatflugzeugführer** **SATELLITENNAVIGATION**
ISBN:	3 – 921 270 – 14 – 6
Verfasser:	Jan Kupzog
Herausgeber, Verlag und Copyright:	LUFTFAHRTVERLAG Friedrich Schiffmann GmbH & Co. Kommanditgesellschaft, Bergisch Gladbach

Gesamtherstellung:	Schiffmann-Gruppe 51427 Bergisch Gladbach, Germany Telefon: 0 22 04/92 88 13 Telefax: 0 22 04/92 88 14
Auflage:	1. Auflage Juli 1999.

Vorwort zum Lehrbuch „SATELLITENNAVIGATION“

Seit geraumer Zeit haben GPS Empfänger mehr oder weniger legal Einzug in die private Luftfahrt gefunden. Ihr Nutzen wird von Pilotenseite hoch gelobt; Luftfahrtbehörden und -verbände stellen immer wieder Probleme im Umgang mit dem GPS fest.

Dieses Handbuch soll allen Nutzern des **Global Positioning Systems – GPS** Informationen über die prinzipielle Funktionsweise des Systems an die Hand geben. Darüber hinaus wurden die gültigen Vorschriften für den Betrieb von GPS Empfängern in Luftfahrzeugen eingearbeitet.

Es wird darauf hingewiesen, daß die Nutzung von GPS in der Luftfahrt gewissen Restriktionen unterliegt. Der Nutzer ist dafür verantwortlich, daß er sein Gerät in Übereinstimmung mit den gültigen Vorschriften und Bestimmungen betreibt. Da das GPS ein relativ neues Navigationssystem darstellt, kann allen Piloten nur geraten werden, auf aktuelle Veröffentlichungen des Luftfahrtbundesamtes, der Deutschen Flugsicherung sowie anderer Stellen zu achten.

Unser Dank für die Unterstützung beim Erstellen dieses Buches gilt im Besonderen der DFS Deutschen Flugsicherung GmbH sowie dem Luftfahrt Bundesamt LBA.

Wir wünschen viel Spaß beim Lesen und sicheres Fliegen mit GPS!

Verfasser

Jan Kupzog

Herausgeber
LUFTFAHRTVERLAG
Friedrich Schiffmann GmbH & Co. KG

1.0 Einführung

Die bisher gebräuchlichen Navigationsverfahren in der Luftfahrt sind:

- **Terrestrische Navigation** – Sie findet hauptsächlich im **Sichtflugbereich** (**VFR** – **v**isual **f**light **r**ules) Anwendung. Beim Instrumentenflug (**IFR** – **i**nstrument **f**light **r**ules) ist die terrestrische Navigation wenig hilfreich (siehe Band 4 A, Flugnavigation).

- **Koppelnavigation** – Sie findet Anwendung beim **Sicht- und Instrumentenflug**. Die Koppelnavigation hat allerdings entscheidende Nachteile: Der Windeinfluß ist nur so genau auszuschließen, wie die Windbeobachtungen bzw. Vorhersagekarten sind. Außerdem gestalten sich Umplanungen der Streckenführung während eines Fluges reichlich aufwendig (siehe Band 4 A, Flugnavigation).

- **Radionavigation** – Sie wird ebenfalls im **VFR** und **IFR** genutzt. Unter **Radionavigation** versteht man die **Nutzung von Funkfeuern wie ILS, VOR, ADF/NDB**. Im VFR Bereich kommt die Radionavigation zum einen beim **Ein-/Durchflug von Luftraum C oder Kontrollzonen für den CVFR-Flieger (controlled VFR)** zum Einsatz. Zum anderen werden Funkfeuer gerne genutzt, um größere Streckenflüge navigatorisch einfach zu gestalten (siehe Band 4 B, Funknavigation).

  Im **IFR Bereich** stellte die **Radionavigation** bis dato die **primäre Navigationsart** dar. Sie wird von der **Flächennavigation abgelöst**. Darüber hinaus werden nicht mehr relevante Radionavigationsanlagen nach und nach abgeschaltet werden, da ihre Instandhaltung und Wartung sehr kostenintensiv ist. Davon betroffen sind zunächst NDB´s.

- **Flächennavigation** – Unter Flächennavigation (**Area Navigation – RNAV**) versteht man die **Navigation unabhängig von Funkfeuern und Luftstraßen**. Sie ermöglicht es den zur Verfügung stehenden Luftraum wesentlich effizienter zu nutzen. Dazu bedarf es der Einführung von Navigationssystemen, die frei im Raum navigieren können.

  Bisher erfüllten diese Forderung komplexe **Flight Management Systems (FMS).** Mittlerweile sind auch bestimmte GPS Empfänger in der Lage, die Anforderungen an Flächennavigation zu erfüllen. Ein GPS Empfänger mit sogenannter **Moving Map**, also einer **nachgeführten Kartendarstellung,** erfüllt jedoch nicht automatisch die RNAV Anforderungen. Vielmehr ist eine RNAV Zulassung von vielen anderen Faktoren abhängig.

  Bei **RNAV** bezeichnet man die **geforderte Genauigkeit** mit **RNP** (**R**equired **N**avigational **P**erformance). Für **Basic Area Navigation** (**B-RNAV**) wird eine **RNP** von **5** gefordert, das heißt eine **Genauigkeit von 5 Meilen**.

  Die genauen B-RNAV Bestimmungen sind nachzulesen unter Abschnitt 11.4 beziehungsweise der NfL II – 95/97.

Die Navigation nach GPS kann für alle obigen Navigationsarten unterstützend herangezogen werden. Sie stellt kein grundsätzlich neues Navigationsverfahren dar!

An dieser Stelle soll dringend davor gewarnt werden, GPS Empfänger außerhalb ihres Zulassungs- bzw. zertifizierten Einsatzbereiches zu verwenden!

2.0 Geschichte der Satellitennavigation

2.1 Die Anfänge

Satellitennavigation stellt eine völlig neue Entwicklung in der Navigation für die Luftfahrt dar. In den Anfängen wurde ausschließlich nach Sicht navigiert. Später wurden Befeuerungsanlagen benutzt, um Flugplätze und Luftstraßen bei Nacht zu markieren.

Nachdem man gelernt hatte, nach Instrumenten zu fliegen, mußten Navigationseinrichtungen erdacht werden, die ohne Sicht nach außen vom Piloten zu bedienen waren. Anstelle von Leuchtfeuern wurden Funkfeuer eingesetzt. Diese Anlagen sind am Boden installiert und senden Radiowellen aus. Über geeignete Empfangsgeräte im Cockpit kann der Flugzeugführer seine Position in Relation zu diesen Funkfeuern angezeigt bekommen. Bis heute stellen **Funkfeuer die primären Navigationseinrichtungen beim Instrumentenflug** dar.
Sie haben allerdings eine Reihe von Nachteilen, wie:

- teure Wartung und Überprüfung der Bodenstationen;
- begrenzte weltweite Verfügbarkeit;
- Beeinflussung der Signale durch Gewitter etc.;
- eingeengte Luftraumstruktur, da Luftstraßen von Funkfeuer zu Funkfeuer verlaufen.

Es entwickelte sich also der Bedarf nach neuen Navigationssystemen. Diese sollten allerdings genauer sein als **Trägheitsnavigationsanlagen** (**I**nertial **N**avigation **S**ystem – **INS**), die viele Nachteile der konventionellen Funknavigation bereits ausgeschlossen hatten. Allerdings verfügen INS Anlagen nicht über die notwendige Genauigkeit, um als alleiniges Navigationssystem eingesetzt zu werden.

Wie so oft in der Geschichte waren auch hier die Militärs am schnellsten. Bereits 1964 hatte die amerikanische Marine (United States Navy) **zwei Satellitennavigationssysteme** – **Transit** und **Timation** – in der Entwicklung und Erprobung. Auch die Luftwaffe wollte nicht zurückstehen. So entwickelte die **U.S. Air Force ein System** mit dem **Namen 621B**.

Dieses System lieferte im Gegensatz zu Transit und Timation nicht nur zweidimensionale Navigationsdaten (geographische Länge und Breite), sondern die Möglichkeit zur **dreidimensionalen Navigation**. Die amerikanische Regierung ordnete 1973 die Weiterentwicklung dieses Systems zum heute bekannten **NAVSTAR GPS** an. **NAVSTAR GPS** heißt übrigens nichts anderes als: **Navigation System with Time and Ranging – Global Positioning System.**

Wie man sieht, hatten nur Staaten mit einigen Grundvoraussetzungen überhaupt die Möglichkeit, an dieser Entwicklung teilzuhaben: Es mußte ein funktionierendes Raumfahrtprogramm existieren, um Satelliten in ausreichender Anzahl im All absetzen zu können. Außerdem mußten genug Steuergelder vorhanden sein, um ein solch ehrgeiziges Programm entwickeln und bezahlen zu können. Nur zwei Nationen beteiligten sich zum damaligen Zeitpunkt an diesem Technologiewettlauf: die USA und Russland. Beide haben ein Satellitennavigationssystem entwickelt.

Aufgrund politischer Entwicklungen ist heute das amerikanische System weltweit als Marktführer anzusehen. Das ist auch der Grund für die verwirrende Anzahl von Abkürzungen, deren Gebrauch notwendig wird, wenn man über GPS spricht. Lassen Sie sich dadurch nicht abschrecken. Am Ende dieses Buches (siehe Abschnitt 15.0) befindet sich übrigens ein Verzeichnis der gebräuchlichsten Abkürzungen.

2.2 Die Entwicklung von NAVSTAR GPS

Die Voraussetzungen zur gezielten Weiterentwicklung waren nun geschaffen. Bezahlt wurde alles vom amerikanischen Steuerzahler, und die Verantwortung lag beim Militär – genauer bei **SAMSO**, der **S**pace **a**nd **M**issile **S**ystems **O**rganization der US Air Force.

Dort zergliederte man die Entwicklung in drei Phasen:

- 1973 – 1979 fand die **„Concept Validation"** statt, das heißt, man dachte noch mal genau darüber nach, wie die Entwicklung anzugehen sei **(Phase eins).**
- Bis 1985 zog sich **Phase zwei** der Entwicklung. In diesem Zeitraum wurden auch die ersten Empfänger entwickelt, die transportabel waren. Damit niemand die amerikanische Abstimmung vergißt, nannte man die Empfänger **User Equipment (UE)** oder auch **GPSSU**, was in Langschrift **Global Positioning System Sensor Unit** heißt.

- 1985 ging´s dann los mit **Phase drei**. In dieser Phase wurden **21 Satelliten** (oder auch **Space Vehicles – SV´s**) in ihre Umlaufbahnen gebracht. Außerdem wurden noch **drei Reservesatelliten** ins All geschossen. Am 8. Dezember 1993 war man damit fertig, und das System funktionierte. Die Amerikaner erklärten **Initial Operating Capability (IOC)**, das heißt, daß das System grundsätzlich einsatzbereit war. Bemerkenswert ist die Tatsache, daß es 20 Jahre dauerte, um dem System aus seinen Kinderschuhen zu verhelfen. Immer wieder stieß man auf nicht vorhergesehene Probleme.

  Nachdem IOC festgestellt war, fingen umfangreiche Testreihen an. In deren Verlauf entschloß man sich dazu, die **Reservesatelliten** als **ständig aktive Satelliten in das System** zu integrieren, so daß nun **24 Satelliten Standard waren.**

  Im April 1995 wurde die **volle Einsatzfähigkeit von GPS** bekanntgegeben (**Full Operational Capability – FOC).** Seitdem wird GPS und seine Komponenten kontinuierlich weiterentwickelt. So wurde z.B. die Zahl der im Umlauf befindlichen Satelliten auf momentan 27 erhöht.

2.3 GPS heute

Mittlerweile wird das GPS System nicht mehr ausschließlich von den Militärs kontrolliert. Unter Präsident Clinton wurde das sogenannte **Interagency GPS Executive Board (IGEB)** eingerichtet. Dies ist eine Behörde, der sowohl Vertreter des Verteidigungsministeriums als auch Vertreter des Verkehrsministeriums angehören. Diese Behörde veröffentlicht alle zwei Jahre den **Federal Radionavigation Plan (FRP)**, in dem sie bekanntgibt, wie es mit GPS weitergeht.

Wie eingangs schon angedeutet, haben auch die Russen ein Satellitennavigationssystem entwickelt. In den Zeiten des kalten Krieges blieb ihnen auch gar nichts anderes übrig. Sie nannten ihr System **GLONASS – Global Orbiting Navigation Satellite System**. Auf Grund der politischen Wirren beim Zerfall des Ostblocks hat dieses System allerdings kaum Verbreitung erreicht – selbst wenn es unter Umständen Vorteile gegenüber dem GPS hat. Auch ist noch zu wenig Verläßliches über dieses System bekannt. Fakt ist zumindest, daß die Russen im Februar 1996 ihr System als voll funktionsfähig erklärt haben. In Abschnitt 10.0 werde ich noch mal auf GLONASS eingehen.

Für die Zukunft rechnet man damit, daß das amerikanische GPS nicht das einzige System auf dem Markt bleiben kann und wird. Aus verschiedenen Gründen werden mehrere Systeme im Parallelbetrieb erwartet.

Der Oberbegriff für alle Arten von Satellitennavigationssystemen heißt

GNSS – Global Navigation Satellite System.

GNSS schließt nicht nur GPS und GLONASS ein. Auch die Europäer arbeiten kräftig an

EGNOS,

dem **European Geostationary Navigation Overlay System**.

Dies ist ein Ergänzungssystem zum GPS, das die Navigationsgenauigkeit erheblich verbessern soll. Es ist ebenfalls denkbar, daß sich in nächster Zeit Firmenkonsortien dazu entschließen, kommerzielle Systeme auf den Markt zu bringen. Bis dato ist die weltweite Nutzung eines Systems, dessen Aufbau der amerikanische Steuerzahler finanziert hat, erstaunlicherweise kostenfrei.

3.0 Gefahren beim Einsatz von GPS

Bevor wir uns mit der Funktionsweise von GPS und seinen Fehlern beschäftigen, möchte ich auf einige Gefahren im Umgang mit dem Gerät hinweisen. Ich kann alle Benutzer dieses schönen Systems nur bitten, die folgenden Warnungen ernst zu nehmen!

- **Unberechtigter Ein-/Durchflug durch Luftraum C, D, ED-R...:**
  Seit GPS Empfänger in Deutschland in der Luftfahrt Verbreitung gefunden haben, klagen die Flugsicherungsstellen zunehmend über Luftraumverletzungen.

  Wenn ich im VFR Betrieb ein GPS zur Navigation einsetze, muß ich mich trotzdem aus diesen Lufträumen heraushalten, es sei denn, ich habe eine Freigabe. Auch wenn GOTO so schön einfach ist – ein unberechtigter Einflug kann nicht nur teuer werden. Wenn es dabei zu **gefährlichen Annäherungen** – **AIRPROX** genannt – kommt, kann Ihnen dieser Flug nicht nur den einen Tag verderben.

- **Verwendung veralteter Datenbanken:**
  Wußten Sie, daß gemäß ICAO eine Navigationsdatenbank maximal 28 Tage benutzt werden darf (aktueller AIRAC-Zyklus)? Und von wann ist Ihre GPS Datenbank?

  Wußten Sie außerdem, daß Datenbanken, die nicht nur die horizontale, sondern auch die vertikale Luftraumstruktur enthalten sollen, ganz schön umfangreich sind? Da man sich beim Erstellen der Datenbanken leicht mal vertippt, übernimmt derzeit kein Hersteller die Garantie, daß seine Datenbank absolut fehlerfrei ist. Sollten sie dazu neigen, allein mit Hilfe der GPS Kartendarstellung an C- oder D-Lufträumen entlangzufliegen, lesen Sie sich bitte Punkt eins nochmals durch.

- **Einflug in Schlechtwetter:**
  Das GPS ist ein Navigationsgerät! Wenn Sie also in schlechtes Wetter einfliegen, mögen Sie zwar noch wissen, wo Sie sind, ob Sie aber deshalb gleich in der Lage sind IFR zu fliegen – und dazu gehört mehr als eine 180° Kurve nach Instrumenten –, ist zu bezweifeln. Für VFR Piloten gilt der dringende Rat: Überlassen Sie IFR Fliegerei den IFR lizensierten Piloten! Andernfalls werden Sie an einem „Cumulus Granitus“ zerschellen. Und es ist nicht die Frage, ob es passiert, sondern wann.

  Doch auch IFR Piloten seien an dieser Stelle gewarnt! Informieren Sie sich genau, für welche Art der Operation Ihr GPS zugelassen ist. Lassen Sie die Finger von selbst gestrickten IFR Anflügen! Jedes Jahr wieder passieren Unfälle auf „VIFR” An- und Abflügen! Lieber einmal feige als ein Leben lang tot! Lassen Sie sich auf Ihr Gerät von einem erfahrenen IFR Kollegen einweisen, bevor Sie den ersten scharfen GPS Anflug durchführen! Sie werden staunen, auf was man alles achten muß.

- **Unzureichende Luftraumbeobachtung:**
  Ein großes Problem in dieser Hinsicht sind kleine und überfrachtete GPS Anzeigen. Darüber hinaus sind Darstellung und Bedienung der Geräte absolut uneinheitlich! Achten Sie darauf, daß Sie Ihr Gerät kennen und bedienen können. Und zwar, wenn es geht, blind! Verlassen Sie sich nicht darauf, daß Sie mit einem anderen Gerät genauso gut umgehen können! Machen Sie sich mit **Ihrem Gerät vertraut!** Der in einigen Geräten eingebaute Simulator-Modus erleichtert dies.

  Die **Flugvorbereitung** hat, wie der Name schon sagt, **vor dem Flug** stattzufinden. Dazu gehört z.B. das Programmieren einer Route ins GPS. Es ist der Flugsicherheit absolut nicht förderlich, wenn Sie während des Fluges damit anfangen, Ihre Streckenführung zu programmieren. Der Flugzeughersteller hat die Cockpitscheiben installiert, damit Sie hinaussehen können!

  Die Bedienung des GPS während des Fluges artet oft durch folgende Faktoren in eine Beschäftigungstherapie aus:

  - Mangelnde Übung im Umgang mit dem Gerät.
  - Mangelhaftes Systemwissen und -verständnis.
  - Verzetteln in Untermenüs.
  - Spielen am Gerät.

- **Orientierungsverlust:**
  Sind Sie in der Lage, bei Ausfall Ihres GPS sofort Ihre momentane Position anzugeben? Haben Sie Ihre ICAO Karte bzw. IFR Enroute Chart griffbereit? Überprüfen Sie Ihre Position kontinuierlich mit anderen Hilfsmitteln (VOR, Bodenmerkmale, usw.)?

Ach ja – Stichwort GPS Ausfall. Wie lange halten eigentlich die Batterien in Ihrem „handheld" GPS? Verlassen Sie sich nicht auf nicht zugelassene Systeme! Aber auch für zugelassene GPS Empfänger gilt: Vertrauen ist gut, Kontrolle ist besser. GPS ist kein Zaubermittel und immer noch ständigen Änderungen unterworfen. Localizer und Glide Slope des ILS überprüft man schließlich auch!

- **Mangelnde Kenntnis über Anforderungen zum sicheren Betrieb sowie Einbauvorschriften:**
  Jeder VOR Empfänger wird von einem Luftfahrttechnischen Betrieb eingebaut und nachgeprüft. Im Gegensatz dazu sind tausende tragbare GPS Empfänger ohne jede Überwachung in Betrieb! In wackeligen Halterungen, batteriebetrieben, die Antenne seitlich angesteckt, geht es los. Wundert es Sie, wenn das Gerät so von keiner Luftfahrtbehörde zugelassen wird?

  Sollten Sie auf einem VFR-Flug ein „handheld" GPS verwenden, sorgen Sie zumindest für den Anschluß an eine Außenantenne sowie für eine sichere Stromversorgung **(nicht über Zigarettenanzünderbuchse!)**.

Und damit Sie mir glauben, daß ich keine Märchen erzähle, hier einige Erfahrungsberichte:

- „Ich startete auf einem IFR-Flug mit einem IFR zugelassenen GPS an Bord. Nach dem Start erhielt ich die Freigabe nach **ABC**. Am GPS gab ich ein: GOTO ABC VOR. Der Steuerkurs nach ABC war 040°. Nach einigen Minuten fragte mich Radar nach meiner Streckenführung, Steuerkurs etc. Ich gab an, direkt nach ABC zu fliegen, Steuerkurs 040°. Ich erhielt die Anweisung auf 340° zu drehen, um direkt nach ABC zu fliegen. Reingefallen! Mein GPS Empfänger war direkt nach **ADC** programmiert, was etwa 3500 NM entfernt war! Beim genauen Hinsehen zeigte er auch eine **ETE** (**estimated time enroute**) von 21 Stunden. Grund war, daß ich meinem GPS blind vertraute, und die VOR ABC noch nicht einmal am VOR Empfänger eingestellt hatte. Das nenne ich „global navigation" im wahrsten Sinne des Wortes!"

- „Mein handheld GPS kenne ich in- und auswendig. Für einen VFR Flug lieh ich mir neulich das Gerät eines Freundes aus. „Wird schon nicht so anders funktionieren", dachte ich mir. Ich beschloß, die Streckenführung unterwegs zu programmieren, und startete. Nach ca. 15 Minuten Herumärgern mit diesem Gerät, das sich ganz anders bedienen ließ als meines, gelang es mir schließlich die Strecke einzugeben. Als ich wieder hinaussah, hatte ich keine Vorstellung mehr, wo ich mich eigentlich befand."

- „Neulich habe ich mir ein neues GPS gekauft (handheld) und wollte das Gerät nun endlich ausprobieren. Ohne weiter nachzudenken (ganz offensichtlich!) gab ich direkt XYZ VOR ein und flog die Strecke ab. Ich überprüfte die Streckenführung nicht und flog prompt in „restricted airspace" ein. Schließlich empfing ich Radaranweisungen und einen freundlichen Rausschmiß aus dem Luftraum. Ein saudummer Fehler meinerseits!"

- „Mit einer Gruppe von Segelflugzeugen war ich auf einem Überlandflug. Gerade hatten wir es uns in einem Bart (Aufwind) bequem gemacht, als einer meiner Begleiter eine Motormaschine auf uns zukommen sah. Die Piper Malibu schoß genau auf unserer Höhe durch einen Pulk von fünf Segelflugzeugen, ohne ihren Kurs oder ihre Höhe auch nur im geringsten zu ändern."

- „Während eines VFR Fluges nutzte ich mein „handheld" GPS als Navigationshilfe. Die angezeigte Position sowie weitere Daten sahen unterwegs sehr gut aus. Im Vorbeiflug an einem großen Flughafen befand ich mich nach GPS außerhalb vom Luftraum C. Allerdings war ich nach visuellen Anhaltspunkten definitiv im Luftraum C. Nach der Landung auf meinem Zielflughafen zeigte das GPS eine Position an, die etwa 40 NM westlich meiner tatsächlichen lag. Nach einmaligem Ein- und Ausschalten des Gerätes zeigte es wieder richtig an. Ich rief den Hersteller an, der mittlerweile einige Anfragen wegen Positionsungenauigkeiten erhalten hatte. Es war ein neuer Satellit in den Orbit geschossen worden, so daß insgesamt jetzt 26 in Umlauf waren. Mein Empfänger zeigte allerdings nur 25 an. Gemäß Vorschlag des Herstellers ließ ich mein Gerät 45 Minuten an, woraufhin auch 26 Satelliten angezeigt wurden. **Schlußfolgerung: GPS darf nur eine Hilfestellung sein!"**

Damit uns solche oder andere unschöne Situationen nicht passieren, sollten wir unser Verhalten im Umgang mit GPS entsprechend überprüfen. Im Anschluß werde ich versuchen, Ihnen das nötige Wissen zu vermitteln, damit Sie GPS verantwortungsvoll nutzen können.

4.0 Das Koordinatensystem WGS-84

Das **GPS** ist ein **dreidimensionales Navigationssystem**. Es liefert Ihnen also:

- Die **Position** als Koordinaten in geographischer Länge und geographischer Breite,
- die **Höhe** sowie
- die **Zeit.**

Bei der Höhe ist die Frage am augenfälligsten: Meine Höhe über was? Nun, ganz einfach. Das **GPS liefert Ihnen Ihre Höhe über dem WGS-84 Referenzellipsoid**. Die Koordinaten sind übrigens auch auf dieses Ellipsoid bezogen. Was bedeutet das?

Fangen wir langsam an. Genauso wenig wie die **Erde** eine Scheibe ist, ist sie eine Kugel. Vielmehr hat sie näherungsweise die **Form eines Rotationsellipsoids**. Das heißt, sie ist nicht rund, sondern an **den Polen abgeplattet**. Ein **Ellipsoid wird mathematisch durch die Länge seiner Halbachsen a und b beschrieben sowie durch die Abplattung (a-b)/a (siehe Bild 4.1).**

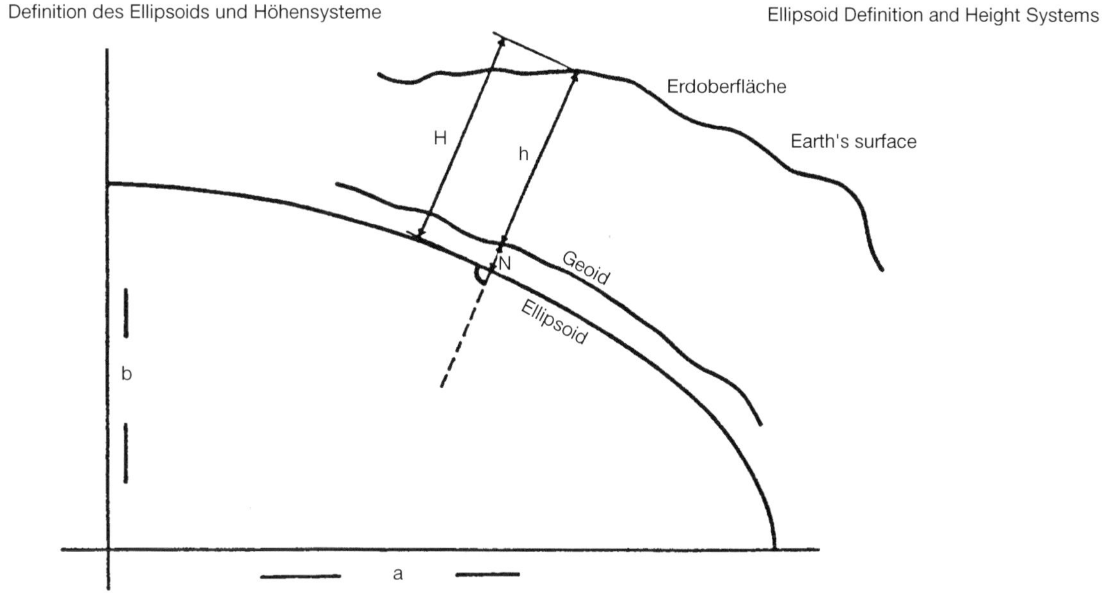

a - Große Halbachse des Ellipsoids
b - Kleine Halbachse des Ellipsoids
H - Ellipsoidische Höhe
h - Orthometrische (Normal-) Höhe
N - Geoidhöhe

a - Semimajor axis of ellipsoid
b - Semiminor axis of ellipsoid
H - Ellipsoidic height
h - Orthometric (normal) height
N - Height of Geoid

Bild 4.1 Das Referenzellipsoid

Damit man die Erde vermessen kann, benötigt man ein solches Ellipsoid. Die Koordinaten werden dann als Punkte auf diesem Ellipsoid ausgedrückt. Bisher wurden verschiedene Ellipsoide verwendet, die im jeweiligen Land der tatsächlichen Gestalt der Erde (dem Geoid) sehr nahe kamen.

In Deutschland war bis 1997 das **„Deutsche Haupt-Dreiecks Netz" (DHDN)** mit einer Fixpunktdichte von einem **Fix auf zwei Quadratkilometer** in Gebrauch. In **Osteuropa** verwendete man das **Krassowskij Ellipsoid**, im **Militär** war das **ED50 System** zur Erstellung der **UTM Karten (Universal Transversal Mercator Projektion)** gebräuchlich.

Die folgende Tabelle zeigt die Unterschiede zwischen verschiedenen Ellipsoiden:

	Halbachse a [m]	**Halbachse b [m]**	**Abplattung (a-b)/a**
Bessel	6 377 397	6 356 079	1:299
Krassowskij	6 378 245	6 356 863	1:298
International	6 378 388	6 356 912	1:297
WGS-84	6 378 137	6 356 752	1:298

Tabelle 4.1 Verschiedene Ellipsoide

Nun macht es natürlich wenig Sinn, einem weltweiten Navigationssystem verschiedene Vermessungssysteme zugrunde zu legen. Also einigte man sich auf das **weltweit gültige Referenzellipsoid WGS-84 (World Geodetic System of 1984)**.

WGS-84 ist das Vermessungssystem, auf dem sämtliche GPS Positionsangaben beruhen.

Gemäß ICAO werden bei der **Veröffentlichung von Koordinaten ab 1998 nur noch WGS-84 Koordinaten** verwendet. Alte Koordinaten müssen umgerechnet oder neu vermessen werden. Eigentlich müßten also alle Luftfahrtkarten der ICAO Mitgliedsstaaten seit 1998 im WGS-84 Format vorliegen. Nun ja, in Deutschland ist diese Umstellung jedenfalls erfolgt.

Bevor Sie in anderen Ländern Koordinaten aus der Luftfahrtkarte ins GPS übertragen, prüfen Sie, ob die Karte auf WGS-84 bezogen ist. Wenn nicht, können Sie von erheblichen Positionsfehlern ausgehen.

Der Unterschied zwischen den alten DHDN Koordinaten und WGS-84 beträgt in

Deutschland:
- 125 Meter in Friedrichshafen
- 215 Meter in Heringsdorf/Usedom.

In den USA wurden übrigens Positionsfehler von bis zu 460 Metern (Hawaii) zwischen dem alten und dem neuen Vermessungssystem festgestellt.

Hinweis: Nicht um Sie zu verwirren, sondern der Vollständigkeit halber, möchte ich darauf hinweisen, daß die Amerikaner bisher NAD 27 (North American Datum of 1927) benutzt haben. Heute benutzen sie nicht etwa WGS-84, sondern NAD 83. Schließlich kann Nord-Amerika selbstverständlich nur nach einem nord-amerikanischen System vermessen sein. Das macht aber nichts, weil das Ellipsoid dem des WGS-84 entspricht.

Und wie war das jetzt mit der Höhe? **Höhenangaben des GPS** können natürlich **nur die Höhe über dem WGS-84 Ellipsoid betreffen.** Sehen Sie sich **Bild 4.1 des Referenzellipsoids** noch einmal an: Diese Höhe hat rein gar nichts mit der Höhe über Grund oder sonstigen in der Luftfahrt gebräuchlichen Höhen zu tun. In **Luftfahrtkarten** werden **Höhenangaben** bezogen auf **Normal Null (Amsterdamer Pegel).**

Ansonsten sind noch Flugflächen, also Höhen über einem Druckniveau, bekannt. Hier liegt der Grund dafür, daß eine Vertikalnavigation mit GPS-Höhendaten nicht zulässig ist.

Merken Sie sich also:

- GPS liefert:
  - die Position bezogen auf WGS-84,
  - die Höhe über dem WGS-84 Ellipsoid,
  - die Zeit.
- GPS Koordinaten basieren auf dem WGS-84 System.
- Die Luftfahrtkarte muß ebenfalls auf WGS-84 basieren, um GPS einsetzen zu können.
- Höhendaten des GPS sind Höhen über dem WGS-84 Ellipsoid und navigatorisch nicht verwertbar.

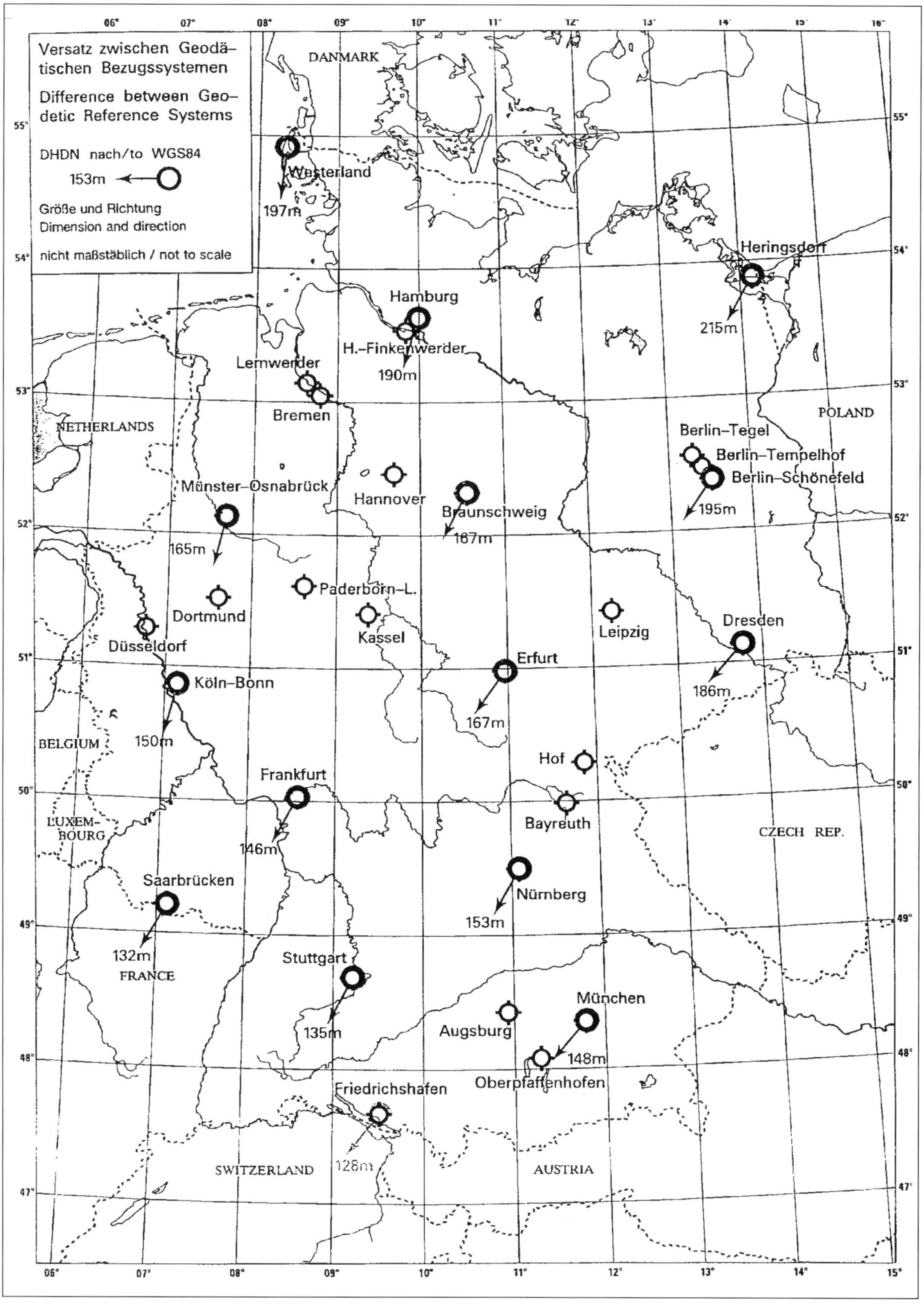

Bild 4.2 Positionsfehler zwischen DHDN und WGS-84

5.0 Aufbau des GPS

5.1 Grundlagen

Es ist zweckmäßig, das Gesamtsystem GPS in drei einzelne Bereiche zu zerlegen:

1. **Das Raumsegment.** Hierin sind die Satelliten enthalten.
2. **Das Kontrollsegment.** Es beinhaltet die verschiedenen GPS Kontrollsysteme.
3. **Das Nutzersegment.** Es umfaßt die GPS Empfänger für verschiedenste Einsatzzwecke.

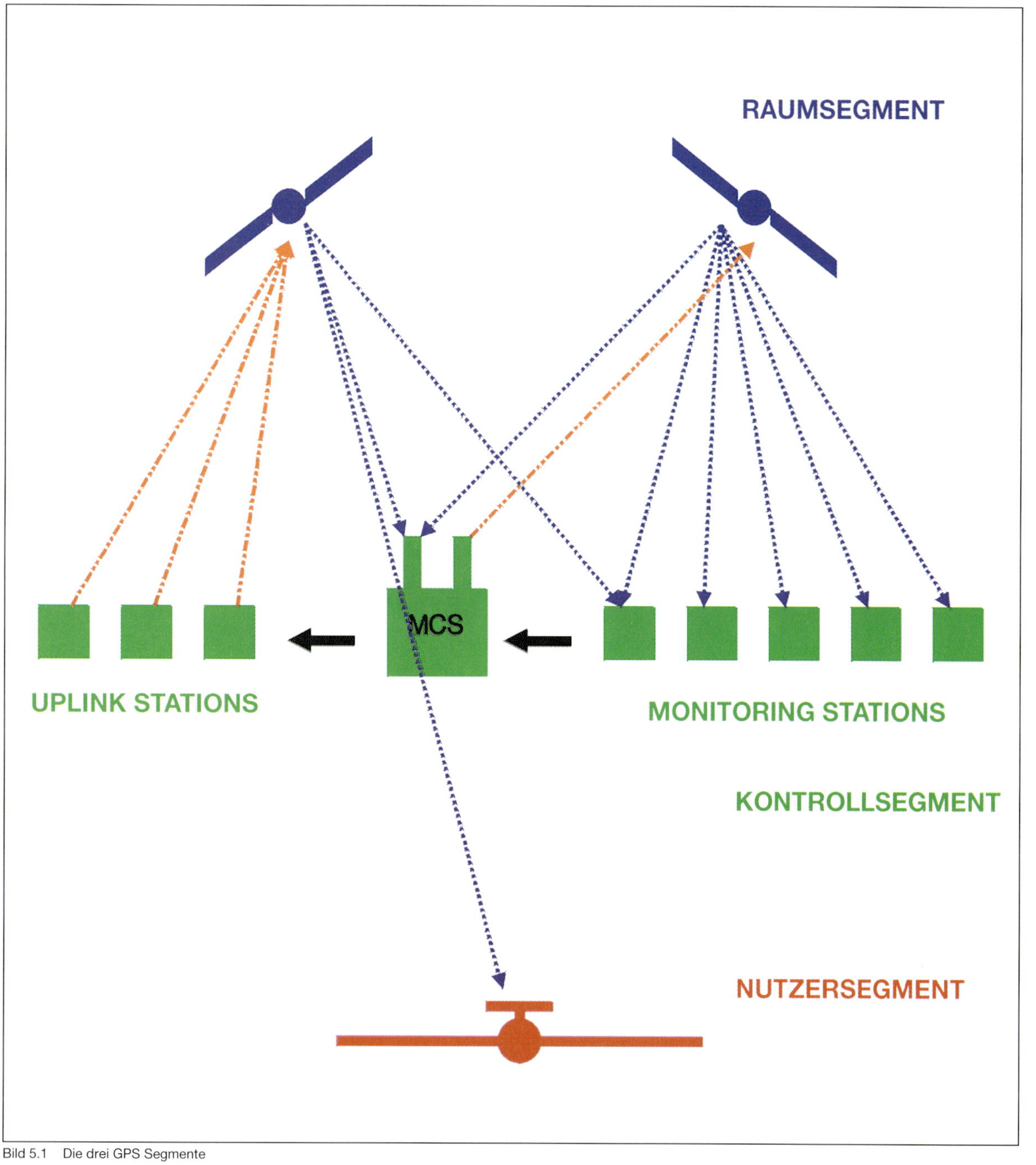

Bild 5.1 Die drei GPS Segmente

5.2 Das Raumsegment

Das Raumsegment besteht aus:

- 24 NAVSTAR Satelliten (Höhere Anzahl von Satelliten im Rahmen der Weiterentwicklung möglich).
- Die Satelliten befinden sich auf 6 Umlaufbahnen – pro Umlaufbahn 4 Satelliten.
- Die Höhe der Umlaufbahn beträgt 20 200 km oder 10 898 NM.
- Die Inklination der Umlaufbahnen über dem Äquator beträgt 55°.
- Die Zeit, die ein Satellit benötigt, um einmal die Erde zu umkreisen, beträgt näherungsweise 12 Stunden (11:57).

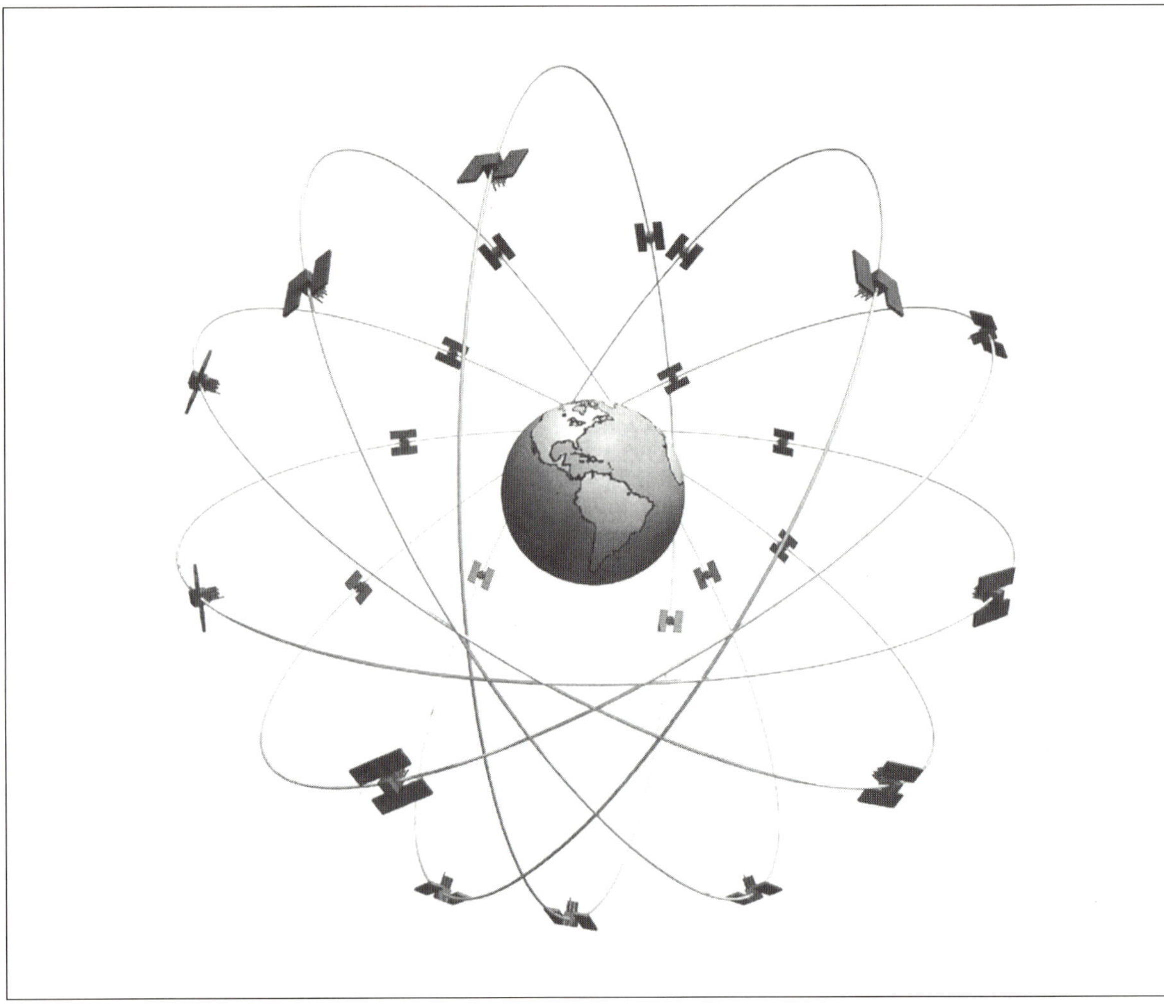

Bild 5.2 Darstellung von Satellitenbahnen

Die Bahnen der NAVSTAR Satelliten lassen sich mit den Kepler´schen und Newton´schen Gesetzen beschreiben. Näheres dazu in **Abschnitt 6.2 „Die Satellitenposition“.**

Moderne GPS Empfänger sind in der Lage, Satelliten bereits in 0° über dem Horizont zu empfangen. Um allerdings eine hohe Empfangskontinuität sicherzustellen, müssen für IFR Navigation die Satelliten mindestens 7,5° über dem Horizont stehen.

Die Satelliten sind so positioniert, daß jederzeit und überall auf der Erde fünf Satelliten sichtbar sein sollten.

Jeder Satellit verfügt über Sonnensegel zur Stromversorgung. Es sind in jedem Satelliten mindestens 2 (in neueren 4) Atomuhren installiert, deren Ganggenauigkeit im Nanosekunden-Bereich liegt, d.h. sie gehen in 200 000 Jahren ≈ 1 Sekunde falsch.

Bild 5.3 Ein Block II Satellit

Die **ersten Satelliten mit Atomuhren** an Bord waren die sogenannten **Block 0 Satelliten**. Ihnen folgten die **Block I Satelliten.** Sie wurden in der Aufbauphase (Phase 1 und 2) verwendet. **Ab 1989** wurden dann **Block II Satelliten** verwendet.

Neben einigen elektronischen Verbesserungen wurde bei diesen Satelliten die Lebensdauer auf siebeneinhalb Jahre erhöht. Nachdem alle Block I Satelliten durch Block II Satelliten ersetzt waren, wurde von den amerikanischen Militärs die volle Funktionsfähigkeit des Systems erklärt.

Block II Satelliten benötigen allerdings immer noch einen Routinecheck durch die **Master Control Station (MCS)** alle 3,5 Tage.

Dieses Intervall konnte man durch die Einführung von **Block IIA Satelliten** auf ein halbes Jahr (!) ausdehnen.

Der Verlängerung der Zeiten zwischen Routinekontakten mit der Kontrollstation MCS kommt entscheidende Bedeutung zu.

Wenn ein Satellit aus irgendwelchen Gründen diesen Routinekontakt nicht herstellen kann, sendet er falsche Daten. Da er den Empfängern nicht mitteilt, daß seine Daten falsch sind, errechnen diese nun falsche Positionen.

Um diese Problematik zu umgehen, wurden die sog. **Block IIR Satelliten** entwickelt. Sie verfügen über **AUTONAV**, eine Einrichtung, die es den Satelliten erlaubt, ihre Daten selbst zu überprüfen, so daß sie weitestgehend auf Kontakt zu den Bodenstationen verzichten können, ohne falsche Daten zu senden.

Bild 5.4 Start einer Delta II Rakete mit einem Block II Satelliten

5.3 Das Kontrollsegment

Das Kontrollsegment besteht aus mehreren Empfangs- bzw. Sendestationen.
Das Herz des Systems ist die **Hauptkontrollstation** oder zu neudeutsch **Master Control Station (MCS)** in Colorado Springs. Diese **Station empfängt Satellitensignale und überprüft sie auf Fehler**. Werden Fehler festgestellt, so werden von **Colorado Springs Korrektursignale an die Satelliten gesendet**. Auch der notwendige Routinekontakt mit den Satelliten findet über die MCS statt.

Da die Master Control Station nicht permanent alle Satelliten im Blick hat, gibt es **fünf Monitor Stations (MS).** Wie der Name vermuten läßt, sind diese Stationen mit dem Empfang von Satellitensignalen beschäftigt. Mit ihrer Hilfe lassen sich elf Satelliten gleichzeitig überwachen. Die Signale werden von den Monitor Stations an die MCS geschickt. Dort findet dann die eigentliche Überprüfung und Auswertung statt.

Neben den **reinen Empfangsstationen** gibt es noch **reine Sendestationen**. Sie bekommen von der **Master Control Station ein Korrektursignal**, das sie dann an **den Satelliten weitersenden**. Diese reinen Sender nennt man **Uplink Stations** oder auch **Ground Antenna (GA).**

Aus nachfolgendem **Bild 5.5** können die Positionen der einzelnen Sende-/Empfangsanlagen entnommen werden.

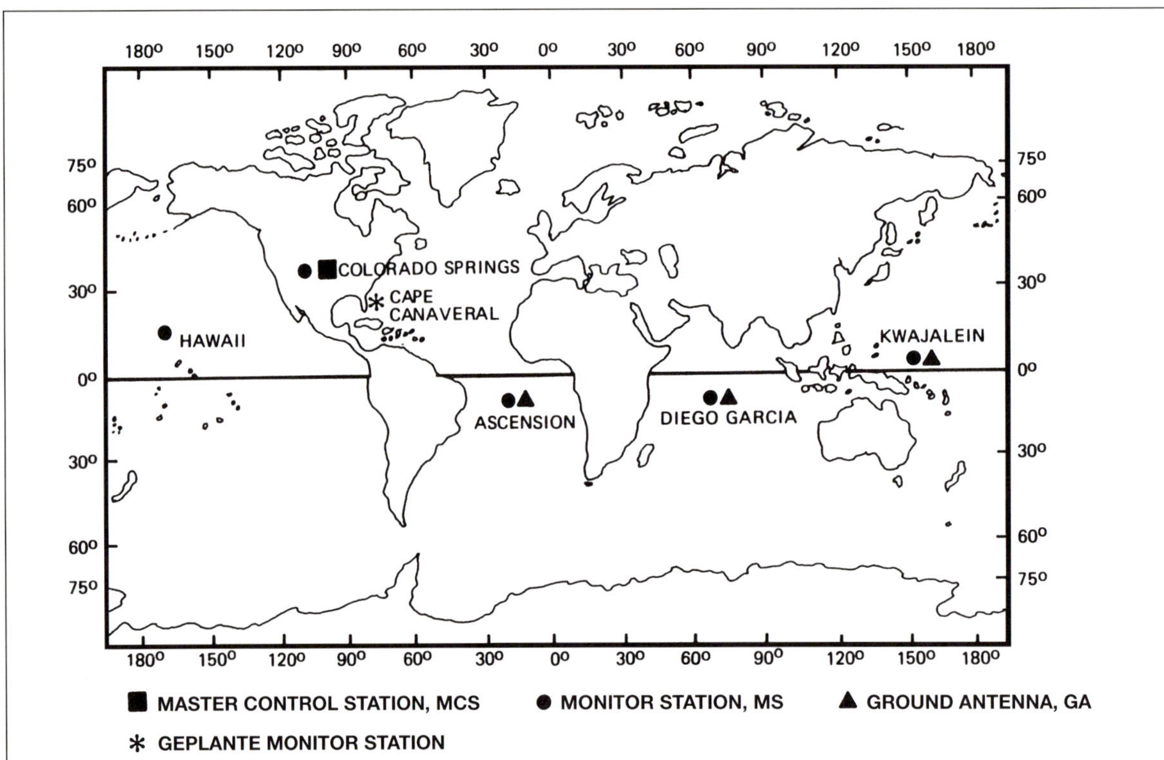

Bild 5.5 Positionen der Elemente des Kontrollsegmentes

Merken Sie sich:

Das Kontrollsegment umfaßt:

- die **Master Control Station**,
- fünf **Monitor Stations** (Empfangsanlagen),
- drei **Ground Antennas** (Sendeanlagen).

Die Kontrolle über GPS liegt bei den Amerikanern. Die **zentrale Kontrollstelle** ist die **Master Control Station in Colorado Springs.**

5.4 Das Nutzersegment

Im Nutzersegment sind alle Anwendungen von GPS-Signalen erfaßt. Es umfaßt den zivilen und auch militärischen Gebrauch von GPS. Im **zivilen Bereich** muß man sich meistens mit dem **ungenaueren Standard Signal (Standard Positioning Service – SPS)** zufrieden geben. Dem **Militär** steht der **genauere Präzisionscode zur Verfügung (Precision Positioning Service – PPS).** Auf die Unterschiede zwischen diesen beiden Varianten kommen wir in Abschnitt 8.2 und 8.3 noch einmal zurück.

Ein **GPS Empfänger** wird als **GPSSU (GPS Sensor Unit)** bezeichnet.

Den **GPS Empfänger** kann man in **mehrere Komponenten** aufteilen:

- Antenne mit Vorverstärker,
- Hochfrequenzeinheit,
- Microprozessor,
- Kontrolleinheit,
- Datenspeicher,
- Stromversorgung.

Das Satellitensignal wird von der Antenne aufgenommen und über den Vorverstärker an die Hochfrequenzeinheit weitergeleitet.

Aufgrund der geringen Trägerwellenlänge können **GPS Antennen relativ klein gebaut werden**. **Extrem wichtig** ist jedoch die **überlegte Wahl des Einbauortes!** Ist die Antenne zu weit vom Schwerpunkt des Luftfahrzeuges entfernt, so können bei auftretenden Beschleunigungen Dopplerverschiebungen auftreten, die das GPS Signal stark verfälschen können.

Selbstverständlich muß die **Antenne auch unverdeckt eingebaut** werden. Satellitensignale breiten sich geradlinig aus und werden z.B. durch eine Tragfläche, die sich zwischen Satellit und Antenne befindet, abgeschirmt.

Theoretisch ist die **ideale Einbauposition für die GPS Antenne in der Hochachse des Luftfahrzeuges auf der Rumpfaußenhaut.** Es muß darauf geachtet werden, daß **luftfahrtzugelassene Antennen eine definierte Empfangscharakteristik aufweisen**. Ihre Empfangsleistung fällt zur Seite hin stark ab.

Allein beim Thema Antenne sehen Sie bereits, daß Sie die Installation Ihrer GPSSU lieber einem Fachmann überlassen sollten.

Der **installierte Prozessor** hat ganz **wesentlichen Einfluß auf die Qualität und Leistungsfähigkeit ihres GPS**. Seine Rechengeschwindigkeit z.B. bestimmt die maximale Geschwindigkeit, mit der Ihr GPS bewegt werden kann, ohne Positionssprünge zu vollführen.

Man unterscheidet folgende Empfängertypen:

Einkanalempfänger	Der Einkanalempfänger ist veraltet und für die Luftfahrt untauglich.
Mehrkanalempfänger	Dieser Empfängertyp kann gleichzeitig mehrere Satelliten empfangen und auswerten. Mit einem schnellen Prozessor versehen stellt er einen für die Luftfahrt akzeptablen Empfängertyp dar.

Die Kontrolleinheit, also die Tastatur der GPSSU, ist leider von Hersteller zu Hersteller bzw. von einem Modell zum anderen verschieden.

Die Größe des Datenspeichers entscheidet darüber, was Ihr GPS alles darstellen kann. Zur farbigen Darstellung einer ICAO Karte ist wesentlich mehr Speicher erforderlich als lediglich zur Errechnung der navigatorischen Daten.

Wichtig ist, woher und zu welchen Kosten sich sogenannte Updates, also Revisionen der Datenbank, besorgen lassen! Sie erinnern sich – das ICAO Limit für den Gebrauch einer Datenbank liegt bei 28 Tagen!

Die Stromversorgung. Irgendwie ein leidiges Thema bei portablen GPS Empfängern. Wenn Sie Ihr GPS verläßlich zur Verfügung haben wollen, benötigen Sie eine sichere Stromversorgung. Und die sicherste Stromversorgung kommt aus dem Bordnetz. Unter diesem Aspekt (sowie der Antennenproblematik) verbietet sich eigentlich der Einsatz portabler Geräte.

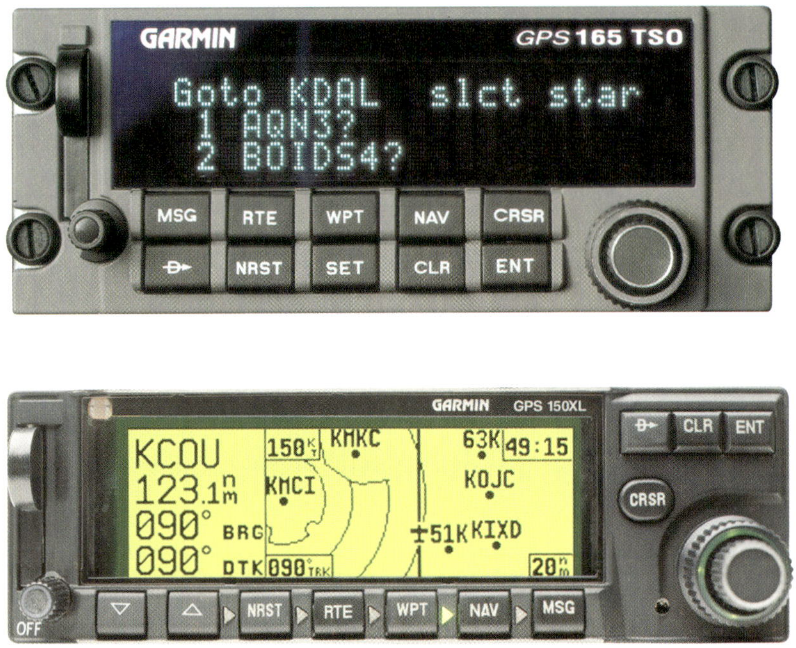

Bild 5.6 Zwei Modelle des Herstellers Garmin

Bild 5.7 GPS mit farbiger Kartendarstellung des Herstellers Skyforce

6.0 Wie funktioniert GPS?

6.1 Das Funktionsprinzip

Die Funktionsweise des GPS ist relativ einfach. Die vom Satelliten ausgesendeten Signale bewegen sich geradlinig mit Lichtgeschwindigkeit (ca. 300 000 km/sec) durch den Raum. Da das Produkt aus Zeit und Geschwindigkeit der zurückgelegte Weg ist, muß man lediglich die Zeit stoppen, die das Signal benötigt, um beim Empfänger anzukommen. Hieraus läßt sich die Distanz zum Sender ermitteln. Kennt man die Entfernung von mehreren Sendern, kann man seinen Standort feststellen.

Nach der Messung von zwei Satelliten ergeben sich zwei mögliche Positionen:

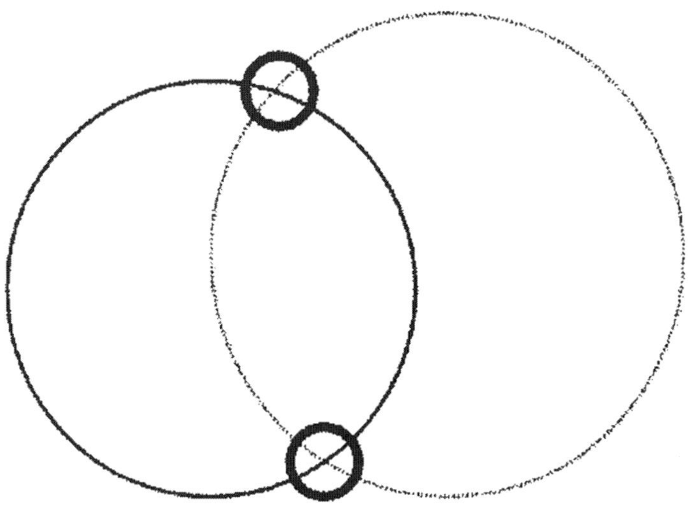

Bild 6.1 Schnittpunkte zweier Entfernungskreise

Nach der Messung von drei Satelliten ist zweidimensionale Navigation möglich:

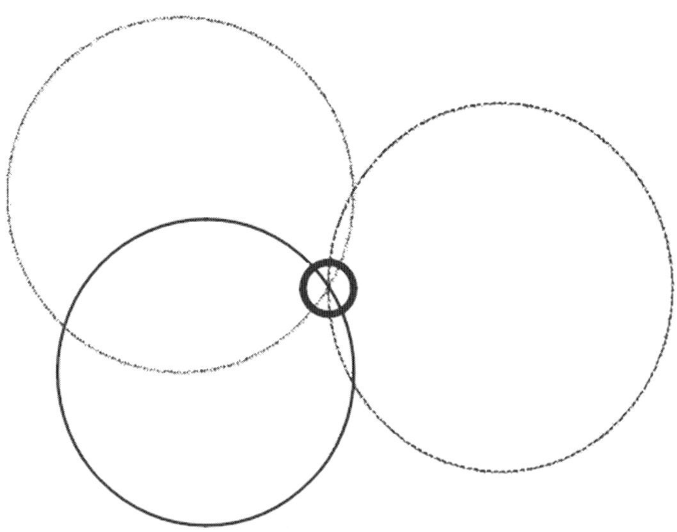

Bild 6.2 Zweidimensionale Positionsbestimmung

Die Entfernungsmessungen sind durch eine Vielzahl von Faktoren (Uhrenfehler, Ionosphärenfehler, Mehrwegausbreitung usw.) relativ ungenau. Daher nennt man die **ermittelten Entfernungen Pseudo-Entfernungen**. Wie die auftretenden Fehler im einzelnen korrigiert werden, dazu kommen wir in Abschnitt 7.0 „Die Fehler des GPS" später zurück.

Die **minimal notwendige Anzahl an Satelliten beträgt vier**. Das liegt zum einen daran, daß **GPS** ein **dreidimensionales Navigationssystem** ist. Entscheidender ist jedoch die Tatsache, daß im GPS Empfänger eine recht ungenaue Uhr installiert ist, und somit die Zeitmessungen sehr ungenau sind.

Die Unbekannten sind also:

Geographische Länge - bezogen auf WGS-84

Geographische Breite - bezogen auf WGS-84

Höhe - über dem Ellipsoid

Uhrenfehler des Empfängers

Zur Lösung benötigen wir demnach vier Gleichungen, das heißt Messungen von vier Satelliten.

Beim gleichzeitigen Empfang von fünf Satelliten kann festgestellt werden, ob einer dieser fünf Satelliten fehlerhafte Signale aussendet. Erst wenn man sechs Satelliten gleichzeitig empfängt, kann der fehlerhafte Satellit isoliert und aus der Positionsbestimmung herausgenommen werden. Dabei ist zu beachten, daß GPS ursprünglich darauf ausgelegt wurde, überall auf der Erde fünf Satelliten in Sicht zu haben. Der Empfang eines sechsten Satelliten kann sich also unter Umständen als schwierig erweisen.

Merken Sie sich:

- Das GPS Signal breitet sich quasioptisch aus.
- Das GPS Signal breitet sich mit Lichtgeschwindigkeit aus.
- Zur Navigation benötige ich vier Satelliten (Uhrenfehler des Empfängers).
- Mit fünf Satelliten können Fehler erkannt werden (siehe auch Abschnitt 7.6 RAIM sowie Abschnitt 12.1 FDE).
- Beim Empfang von sechs Satelliten können fehlerhafte Satelliten isoliert werden.

6.2 Die Satellitenposition

Natürlich muß die Position des Satelliten mit hoher Genauigkeit bekannt sein. Satellitenbahnen kann man mit Hilfe der Gesetze von Kepler und Newton berechnen.

Kepler´sche Gesetze (abgewandelt für Satelliten):

1. Die Satelliten bewegen sich auf elliptischen Bahnen, in deren einem Brennpunkt sich die Erde befindet.
2. Der Verbindungstrahl zwischen Erdmittelpunkt und Satellit überstreicht in gleichen Zeiten gleiche Flächen.
3. Die Quadrate der Umlaufzeiten der Satelliten verhalten sich wie die Kuben ihrer mittleren Entfernung von der Erde.

Newton hat festgestellt, daß:

- zwei Massen sich mit einer Kraft anziehen, die umgekehrt proportional dem Quadrat ihres gegenseitigen Abstandes ist, und daß
- Kraft = Masse × Beschleunigung ist.

Damit also ein Satellit nicht auf die Erde stürzt (Erdanziehung), muß er mit einer bestimmten Geschwindigkeit in einer bestimmten Entfernung kreisen. Ändert sich seine Geschwindigkeit, muß sich auch die Entfernung ändern.

Wird ein Satellit z.B. langsamer, so wird er von der Erde angezogen werden. Die Gravitationskraft übersteigt die Zentrifugalkraft. Dabei verringert sich sein Abstand zum Erdmittelpunkt. Nach dem zweiten Kepler´schen Gesetz muß er damit schneller werden. Wird er schneller, so nimmt die Zentrifugal- bzw. Zentripedalkraft zu, und er entfernt sich von der Erde. Die Summe aus potentieller- und kinetischer Energie bleibt dabei gleich. Somit ist man in der Lage, die Position des Satelliten im All zu berechnen.

Merken Sie sich:

- Die Bahnen von Satelliten sind Ellipsen.
- Sie lassen sich mit den Gesetzen von Kepler und Newton beschreiben.

6.3 Das Satellitensignal

Die Stromversorgung der Satelliten wird über Solarpanel sichergestellt. Die hochgenaue Systemzeit wird realisiert durch Atomuhren an Bord der Satelliten.

Die **Satelliten senden auf zwei Frequenzen im L-Band.** Diese Frequenzen werden mit **L1 (1 575.42 MHz)** und **L2 (1 227.60 MHz)** bezeichnet.

Auf den **Frequenzen L1 und L2 sendet jeder Satellit sein eigenes PRN Signal**. **PRN heißt Pseudorandom Noise**. Das Signal scheint also zufällig zu sein – ist es aber nicht! So ist jeder einzelne Satellit zu identifizieren. Das PRN Signal wird vom Satelliten codiert. Dabei wird der sogenannte **C/A Code (Civil Access – Ziviler Zugang)** auf der Frequenz L1 gesendet. Der **P-Code (Präzisionscode)** wird sowohl auf L1 als auch auf L2 benutzt. **Zivile Empfänger können lediglich mit dem C/A Code auf L1 etwas anfangen.**

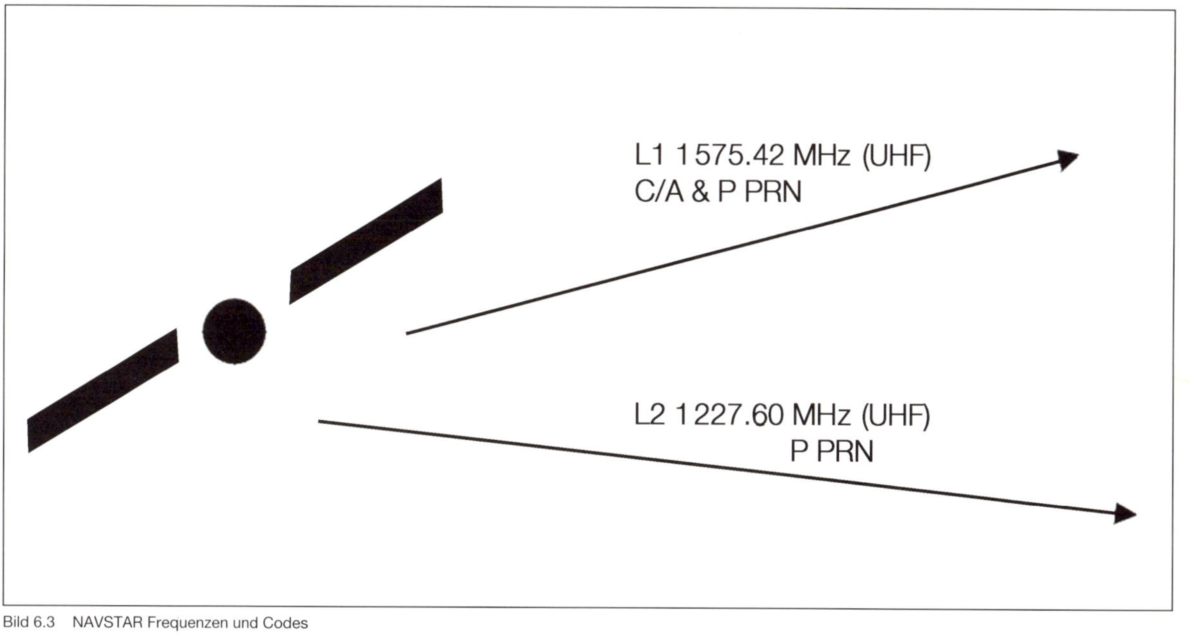

Bild 6.3 NAVSTAR Frequenzen und Codes

Was ist nun im **PRN Signal** enthalten? Die sogenannte **Navigations-Nachricht**. Sie enthält unter anderem:

- die exakte Sendezeit,
- Informationen über die Genauigkeit der Satellitenuhr des spezifischen Satelliten,
- den Umrechnungskoeffizienten zwischen Satellitenzeit und UTC,
- Daten zur Korrektur des Ionosphärenfehlers (für C/A Nutzer),
- den Almanach und die Ephemeridendaten.

Unter dem **Almanach** versteht man die **generelle Information über die Anzahl und die Position der im Orbit befindlichen NAVSTAR GPS Satelliten**. Die **Ephemeridendaten** beschreiben den **exakten Orbit sowie die momentane Position des sendenden Satelliten.**

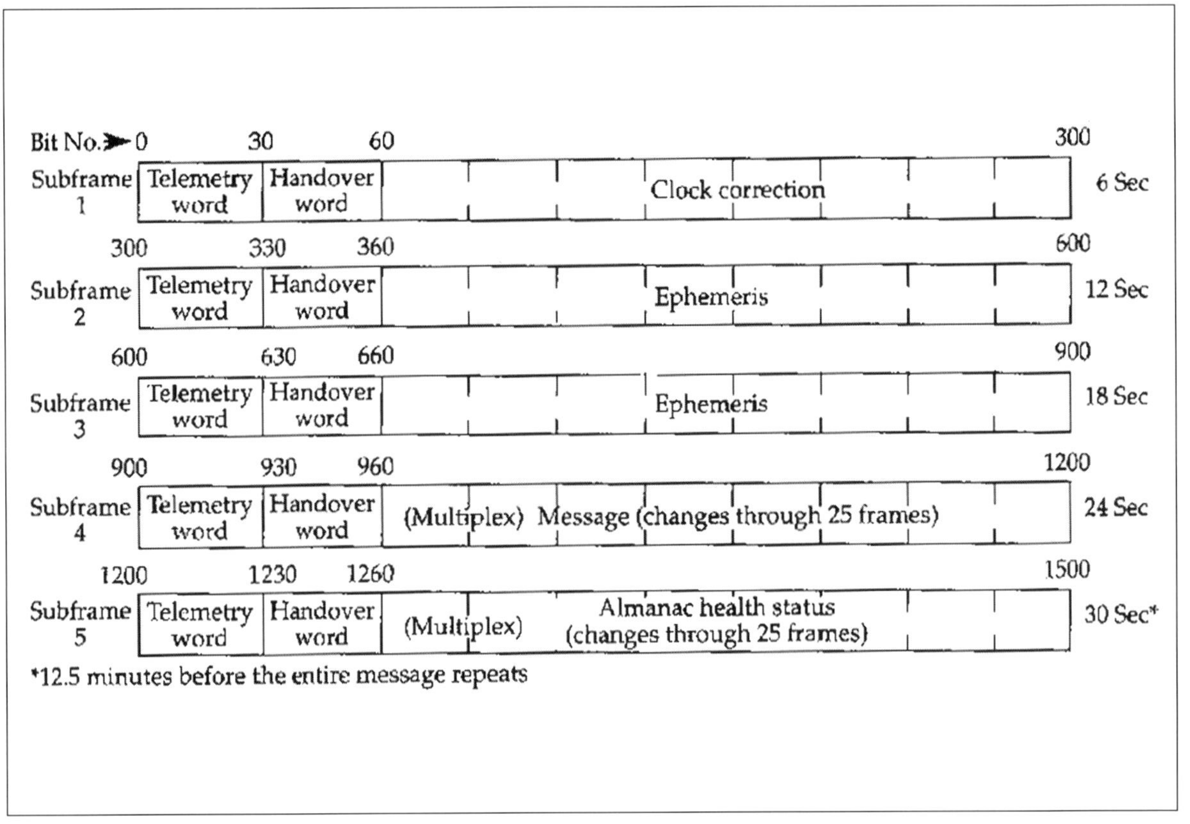

Bild 6.4 Datenrahmen eines NAVSTAR GPS Satelliten

Obige Abbildung **(Bild 6.4)** zeigt einen Datenrahmen einer Navigations-Nachricht. Die Navigations-Nachricht besteht insgesamt aus 25 Datenrahmen, so daß 12 Minuten 30 Sekunden benötigt werden, um sie abzuhören. Nach ca. 13 Minuten kann der GPS Empfänger also zum ersten Mal genau wissen, wo er ist. Es sei denn, er wird überhaupt das erste Mal in Betrieb genommen, doch dazu mehr am Ende dieses Kapitels („Time to First Fix").

Im nächsten Jahrtausend sollen zwei neue zivile Frequenzen GPS entscheidend verbessern. Wer das bezahlt, ist noch nicht geklärt. Sicher ist nur, daß die heutigen Empfänger wohl nicht in der Lage sein werden, die neuen Frequenzen zu empfangen.

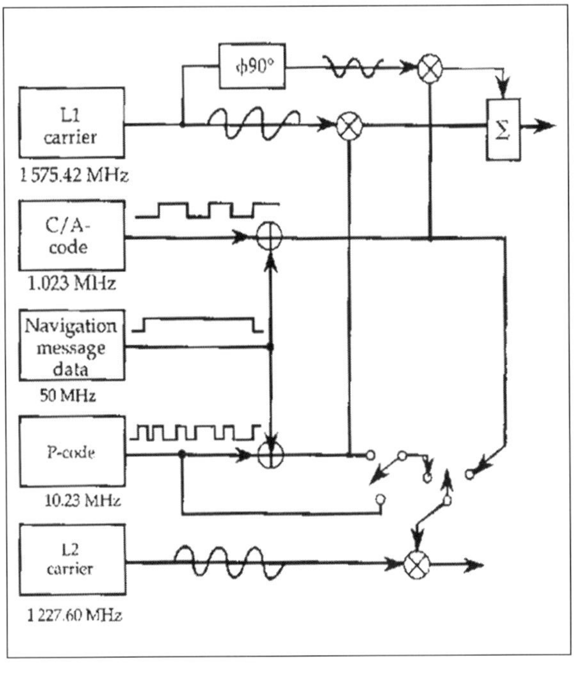

Bild 6.5 Navigations-Nachricht auf L1 und L2

Merken Sie sich:

- Satelliten haben Atomuhren an Bord.
- Satelliten senden auf zwei Frequenzen L1 (1 575.42 MHz) und L2 (1 227.60 MHz).
- Ihre Nachricht nennt man PRN Code.
- Der PRN Code ist verschlüsselt – entweder im C/A (Civil Access) oder P-Code.
- Die Taktfrequenz des C/A PRN beträgt 1.023 MHz, die des P PRN 10.23 MHz.
- Der C/A Code wird jede Millisekunde wiederholt, der P-Code lediglich alle 7 Tage.
- Das Satellitensignal ist phasenmoduliert (Phasensprünge um 180°, siehe Bild 6.6).
- Der zivile C/A Code wird nur auf L1 bereitgestellt.
- Im **PRN Code** enthalten sind: **Almanachdaten, Ephemeridendaten, Healthstatus und Uhrenkorrektursignal.**
- Die Navigations-Nachricht enthält 25 Datenrahmen.
- Die Sendedauer der Navigations-Nachricht beträgt 12:30 Minuten.
- Der Almanach umschreibt die Gesamtsituation aller NAVSTAR Satelliten.
- Die Ephemeridendaten sind auf einen Satelliten bezogen.

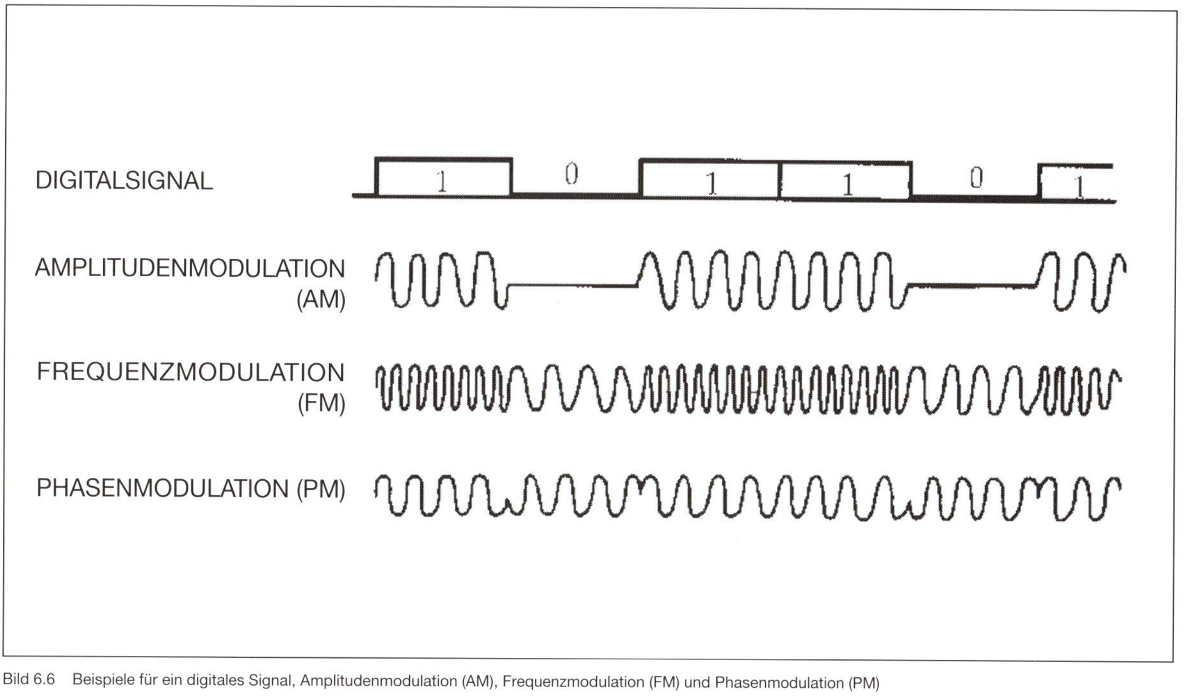

Bild 6.6 Beispiele für ein digitales Signal, Amplitudenmodulation (AM), Frequenzmodulation (FM) und Phasenmodulation (PM)

Positionsermittlung im Empfänger

Was braucht der GPS Empfänger, um seine Position zu ermitteln?

1. Die genaue Position der empfangenen Satelliten. Diese Daten kann er dem Almanach und den Ephemeridendaten entnehmen.

2. Eventuell notwendige Korrektursignale. Auch diese erhält er im Rahmen der Navigations-Nachricht vom Satelliten. Der Satellit wiederum bekommt sein Korrektursignal von der Master Control Station.

3. Die exakte Zeitdifferenz zwischen Signalaussendung und -empfang.

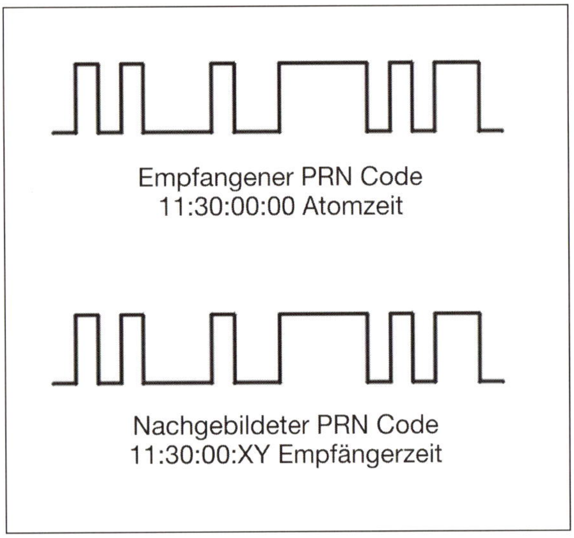

Um die genaue Laufzeit zu ermitteln, bildet der Empfänger den PRN Code des Satelliten nach, den er empfangen möchte. Dann vergleicht er eingehende Signale mit dem von ihm erzeugten PRN Code. In dem Moment, in dem der empfangene Code dem selbst generierten entspricht, „schaut der Empfänger auf die Uhr".

Die genaue Sendezeit ist in der Navigations-Nachricht enthalten. Die vom Empfänger gemessene Zeitdifferenz ist also direkt proportional zur Entfernung vom Satelliten. Sie werden bemerken, daß die Laufzeitmessung nicht besonders genau sein kann, da Sendezeit (Atomzeit) und Empfangszeit (Quarz im Empfänger) nicht genau gleich sind. Zu diesem Problem kommen wir in Abschnitt 7.1 „Uhrenfehler" gleich noch einmal.

Bild 6.7 PRN Laufzeitmessung

Nach vier Messungen kann der Empfänger nun mit der Lösung der vier Gleichungen mit vier Unbekannten beginnen:

$$(R_1 + c \times \Delta t_E)^2 = (x_E - x_1)^2 + (y_E - y_1)^2 + (z_E - z_1)^2$$
$$(R_2 + c \times \Delta t_E)^2 = (x_E - x_2)^2 + (y_E - y_2)^2 + (Z_E - z_2)^2$$
$$(R_3 + c \times \Delta t_E)^2 = (x_E - x_3)^2 + (y_E - y_3)^2 + (Z_E - z_3)^2$$
$$(R_4 + c \times \Delta t_E)^2 = (x_E - x_4)^2 + (y_E - y_4)^2 + (Z_E - z_4)^2$$

Dabei sind:

- R_{1-4} die Schrägentfernungen zu den Satelliten,
- c die Lichtgeschwindigkeit,
- Δt_E der Uhrenfehler,
- x_E, y_E, z_E die Empfängerposition und
- x_{1-4}, y_{1-4}, z_{1-4} die Satellitenposition auf den einzelnen Achsen.

Die Unbekannten sind die Empfängerposition auf der x-, y- und z-Achse sowie der Uhrenfehler. Zunächst wird mit der Pseudo-Entfernung gearbeitet, das heißt ohne Berücksichtigung des Uhrenfehlers. Später wird der Uhrenfehler rechnerisch eliminiert. Wie das genau geschieht, erfahren Sie in Abschnitt 7.1 „Uhrenfehler".

Merken Sie sich:

- Der Empfänger bildet den PRN Code intern nach.
- Wenn er den Code empfängt, vergleicht er Sendezeit (aus Navigations-Nachricht) mit Empfangszeit (seine Quarzuhr).
- Über die Laufzeit bestimmt er die vorläufige Entfernung – man nennt sie Pseudo-Entfernung, da der Uhrenfehler des Empfängers enthalten ist.

Nach dem Einschalten des Empfängers beginnt dieser damit Satelliten zu suchen. Um möglichst schnell zur **ersten Positionsbestimmung („Time to First Fix")** zu kommen, benötigt er folgende Daten:

- die ungefähre Position,
- die ungefähre Zeit,
- eine grobe Geschwindigkeitsangabe,
- eine Vorstellung, welche Satelliten er empfangen können wird.

Normalerweise hat er diese Daten auch nach dem Ausschalten gespeichert. Wird ein Empfänger allerdings das erste Mal in Betrieb genommen, so verlängert sich seine **„Time to First Fix“** erheblich. Er beginnt dann zunächst damit, den Himmel nach Satelliten abzusuchen, da er über keine Almanachdaten verfügt.

Dieses Verfahren nennt man **Search the Sky**. Hierbei werden die PRN Codes aller Satelliten generiert. Sobald er einen Satelliten empfängt, wartet er darauf, daß dieser die Navigations-Nachricht sendet. Durch Auswertung der Navigations-Daten weiß der Empfänger dann, welche Satelliten sich im Orbit befinden, und kennt deren Position. Danach werden nach und nach weitere Satelliten gesucht, um die interne Datenbank zu aktualisieren. Nachdem zum ersten Mal vier Satelliten empfangen wurden, ist der Empfänger wesentlich schneller, da er nun weiß, welche Satelliten er empfangen können wird.

Die **Time to First Fix** bei einem **nagelneuen Empfänger kann bis zu 40 Minuten betragen!** Wird ein Empfänger ausgeschaltet und über größere Strecken transportiert, so erhöht sich die Zeit bis zur ersten Positionsbestimmung ebenfalls beträchtlich, da er zunächst auf seine gespeicherte angenommene Position zurückgreift. Man kann diese Zeitspanne erheblich verkürzen, indem man dem Empfänger mindestens die ungefähre Position vorgibt.

Hat der Empfänger nur kurzfristig gültige Satellitensignale verloren (z.B. durch Abschattung der Antenne), so ist er normalerweise nach wenigen Minuten wieder navigationsbereit.

7.0 Die Fehler des GPS

7.1 Uhrenfehler

Aufgrund der Tatsache, daß die Empfängeruhren als Quarzuhren nicht so genau arbeiten können wie die Atomuhren der Satelliten, ergibt sich die als **Uhrenfehler bekannte Ungenauigkeit der Laufzeitmessung und damit der Positionsbestimmung.**

Nun könnte man natürlich alle Empfänger mit Atomuhren versehen, um diesen Fehler auszuschließen. Das wäre aber dann doch etwas teuer. Also hat man sich entschlossen, den im Empfänger eingebauten Quarz einfach nachzustellen. Notwendig ist das, weil man sonst keine genaue Position bekommt. **Eine um 1/100 Sekunde verfälschte Laufzeitmessung führt zu einem Positionsfehler von 1 860 Meilen!**

Und so funktioniert das Nachstellen: Die **gemessenen Pseudo-Entfernungen** ergeben ein **„Fehlerdreieck".** Der Empfänger verstellt nun die gemessenen Zeitdifferenzen im gleichen Verhältnis solange, bis das Fehlerdreieck minimiert ist. Die nachgebesserten Zeitdifferenzen nimmt der Empfänger als tatsächliche Laufzeit an. Er ermittelt daraufhin einen Korrekturfaktor, mit dem er seine Quarzuhr nachstellt. Erstaunlicherweise klappt das mit hoher Präzision. Sie können an Ihrem GPS die (nachgestellte) Zeit auf ca. 170 Nanosekunden genau ablesen – auf UTC Basis natürlich (siehe Bild 7.1).

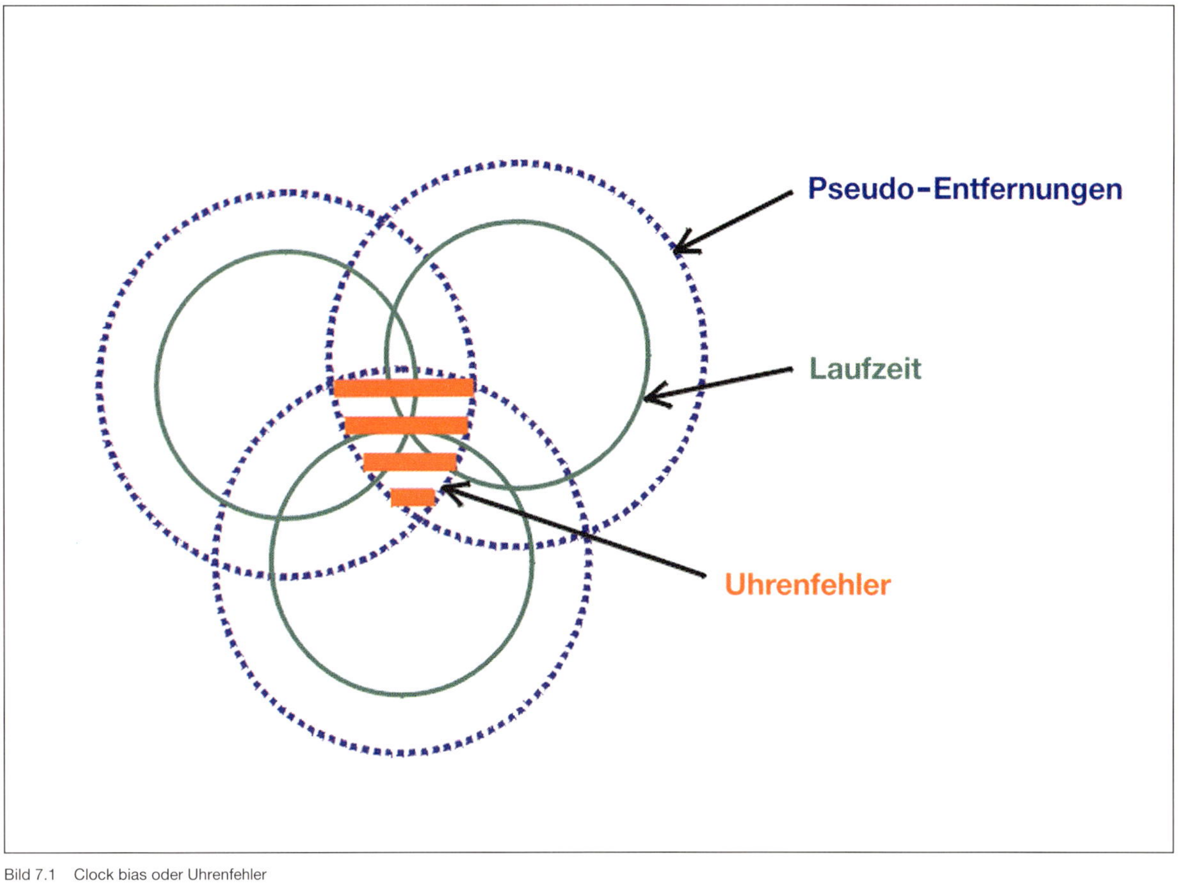

Bild 7.1 Clock bias oder Uhrenfehler

Dummerweise laufen auch die Satellitenuhren nicht absolut genau. In der Relativitätstheorie wurden Effekte beschrieben, die bewirken, daß die Satellitenuhren immer etwas schneller unterwegs sind als Uhren auf der Erde. Also laufen sie doch genau, nur eine Zeitdifferenz zu einer gleichwertigen Uhr auf der Erde ist unvermeidbar. Deswegen hat das GPS seine eigene Systemzeit.

Damit man aber trotzdem UTC von einem GPS Empfänger bekommen kann, werden die Verschiebungen der Zeitsysteme von der Master Control Station durch Korrektursignale an die einzelnen Satelliten ausgeglichen (siehe Abschnitt 7.5.1 Genauigkeit der Satellitenuhren).

7.2 Ionosphärenfehler

Korrekterweise müßte man den Ionosphärenfehler als Atmosphärenfehler bezeichnen. Das kurzwellige Satellitensignal breitet sich theoretisch geradlinig im Raum aus. Allerdings wird es durch freie Elektronen in der Atmosphäre abgelenkt.

Es kommt zur Beugung, Brechung des Satellitensignals und Verlangsamung der Ausbreitungsgeschwindigkeit.

Freie Elektronen kommen im wesentlichen in der Ionosphäre vor, einer Schicht unserer Atmosphäre, die sich zwischen 80 km und 400 km Höhe befindet. Da die Konzentration freier Elektronen in dieser Schicht am höchsten ist, und somit auch die **Ablenkung des Satellitensignals hier ihr Maximum** erreicht, wird der Begriff **Ionosphärenfehler** verwendet (siehe Bild 7.2).

Die Größe der Ablenkung des Satellitensignals hängt ab von der Anzahl der freien Elektronen entlang des Ausbreitungsweges sowie der Frequenz des Satellitensignales. Die Zahl der freien Elektronen ist variabel und hängt ab von:

- der geographischen Position des Empfängers,
- der Tageszeit,
- der Jahreszeit,
- der Aktivität von Sonneneruptionen.

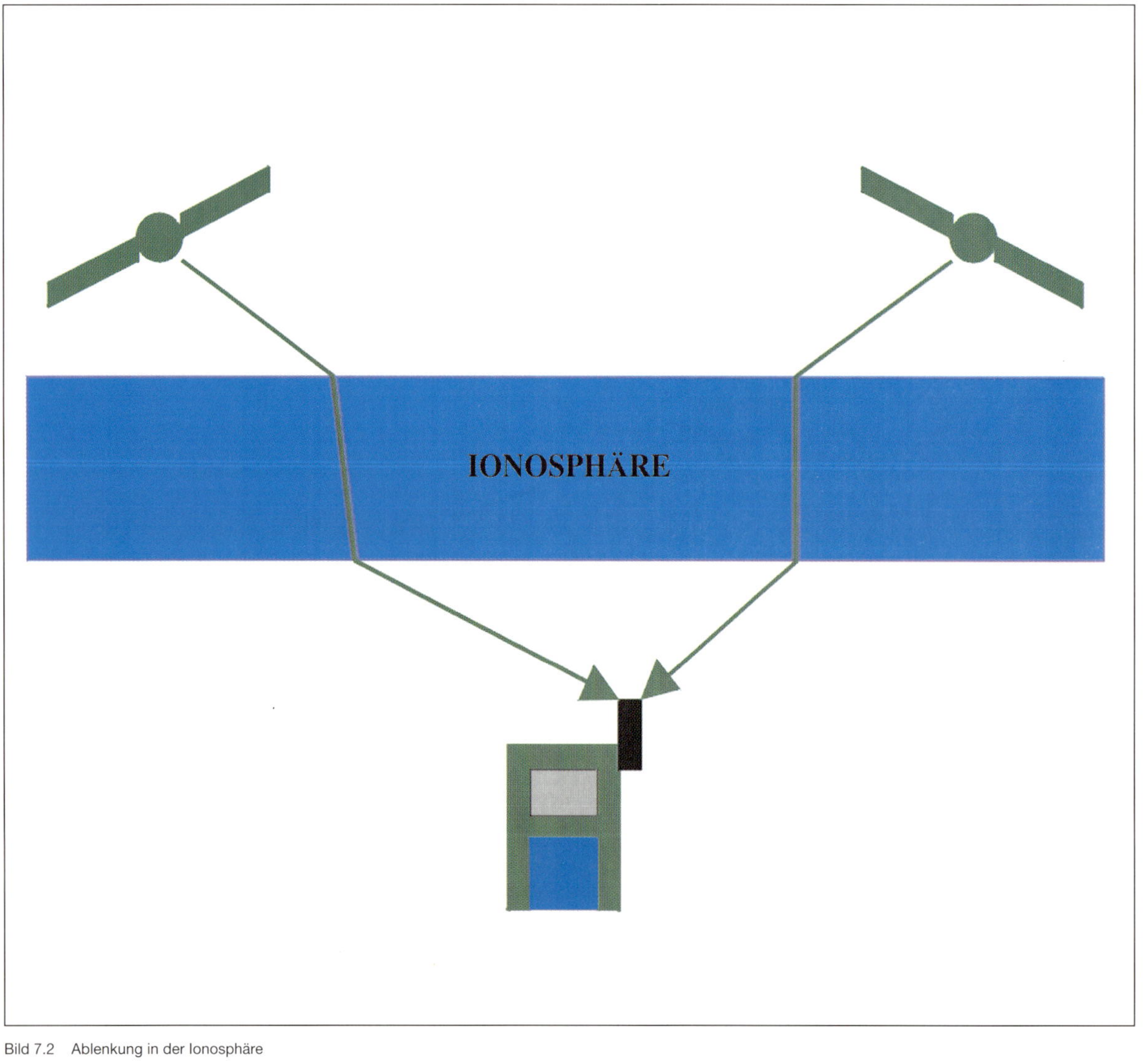

Bild 7.2 Ablenkung in der Ionosphäre

Militärische Empfänger empfangen auf zwei verschiedenen Frequenzen – L1 und L2. Aufgrund der unterschiedlichen Wellenlängen und damit unterschiedlicher Beeinflussung des Signals, kann der Ionosphärenfehler ermittelt und die Laufzeitmessung entsprechend korrigiert werden. Zivile Empfänger können lediglich einen durchschnittlichen Korrekturfaktor anwenden, so daß der Ionosphärenfehler maximal zu 50 % korrigiert werden kann.

Die beschriebenen Effekte führen zu einer Verfälschung der Laufzeitmessung und damit zu einer fehlerhaften Positionsbestimmung.

Merken Sie sich:

- Der Ionosphärenfehler tritt auf durch freie Elektronen in der Atmosphäre.
- Er beschreibt die Beugung, Brechung und Verlangsamung des Signals.
- Er ist abhängig von der Anzahl der freien Elektronen auf dem Ausbreitungsweg (Position, Tages- und Jahreszeit, Sonneneruptionen)
- sowie von der Frequenz respektive der Wellenlänge des verwendeten Signals.
- Er kann bei zivilen Empfängern nur zu ca. 50 % korrigiert werden.

7.3 Reflektion, Mehrwegausbreitung und Abschattung

Die Ausbreitungscharakteristika von elektromagnetischen Wellen werden von verschiedenen Bedingungen beeinflußt. Für **UHF-Signale (Ultra High Frequency)**, wie den GPS Signalen, spielen neben der oben beschriebenen Ablenkung durch die Ionosphäre vor allem die Abschattung und Reflektion eine Rolle.

- Die **Abschattung** des hochfrequenten NAVSTAR Signals tritt immer dann auf, **wenn die Antenne abgedeckt wird**. Das ist zum Beispiel in Gebäuden der Fall. Aber auch beim Flug in geringen Höhen in Bergtälern kann dieser Effekt auftreten.

  Ist die GPS Antenne ungünstig montiert, so kann sie im Kurvenflug durch die Tragflächen des Flugzeugs abgeschattet werden. Bei Verwendung eines tragbaren GPS-Empfängers mit angesteckter Antenne ist dieser Effekt natürlich besonders ausgeprägt.

  Es kommt zum zeitweiligen Verlust des Satellitensignals bzw. zum Verlust der Positionsanzeige.

- Besonders ungünstig wirkt sich die Reflektion von Satellitensignalen aus. Hierbei wird das Signal zum Beispiel von einem Berg abgelenkt, so daß sich eine Verlängerung der Laufzeit ergibt. Da der Empfänger davon jedoch nichts weiß, errechnet er eine falsche Position, die dem Piloten zur Anzeige gebracht wird.

  Das Risiko von Navigationsfehlern ist besonders hoch.

- Unter der **Mehrwegausbreitung** versteht man den **gleichzeitigen Empfang** von **abgelenkten und ungestörten Signalen** (siehe Bild 7.3).

Merken Sie sich:

- Abschattung tritt auf im Kurvenflug und hinter Hindernissen.
- Abschattung führt zu Signalverlust und fehlerhafter/keiner Positionsangabe.
- Reflektion tritt auf an Hindernissen.
- Reflektion führt zu fehlerhaften Positionsangaben.

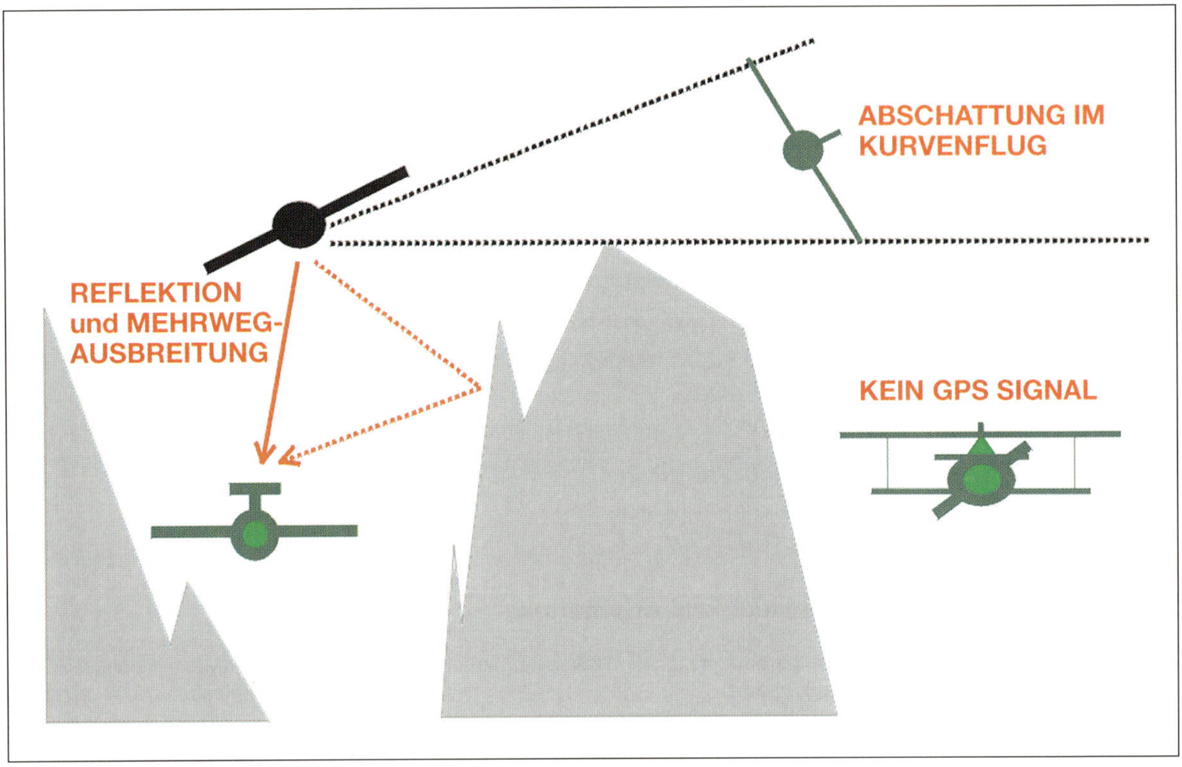

Bild 7.3 Abschattung, Reflektion und Mehrwegausbreitung

7.4 Einschränkungen durch die Satellitenkonstellation

Wie man sich vorstellen kann, ist eine exakte Positionsbestimmung nur mit eindeutigen Schnittpunkten möglich.

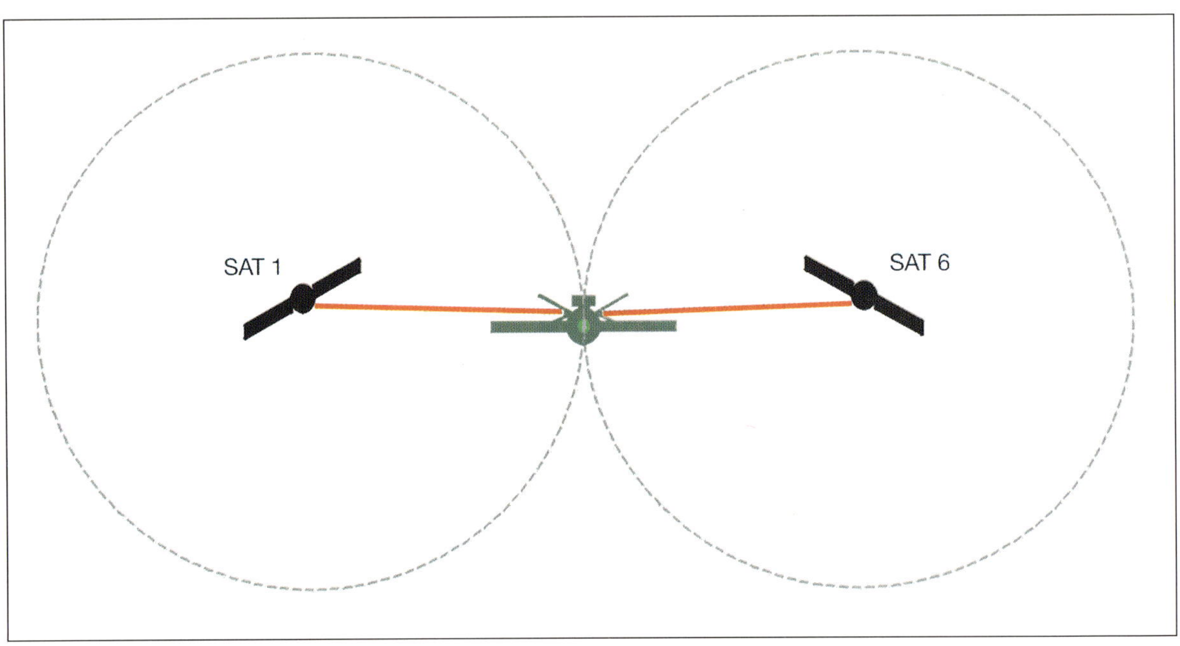

Bild 7.4 Ungünstige Satellitenkonstellation – geringe VDOP

Die hier gezeigte Satellitenkonstellation ist dafür denkbar ungünstig. Ebenso ungünstig ist eine Satellitenkonstellation, in der zwei Satelliten sehr dicht beieinander stehen (siehe Bilder 7.4 und 7.5).

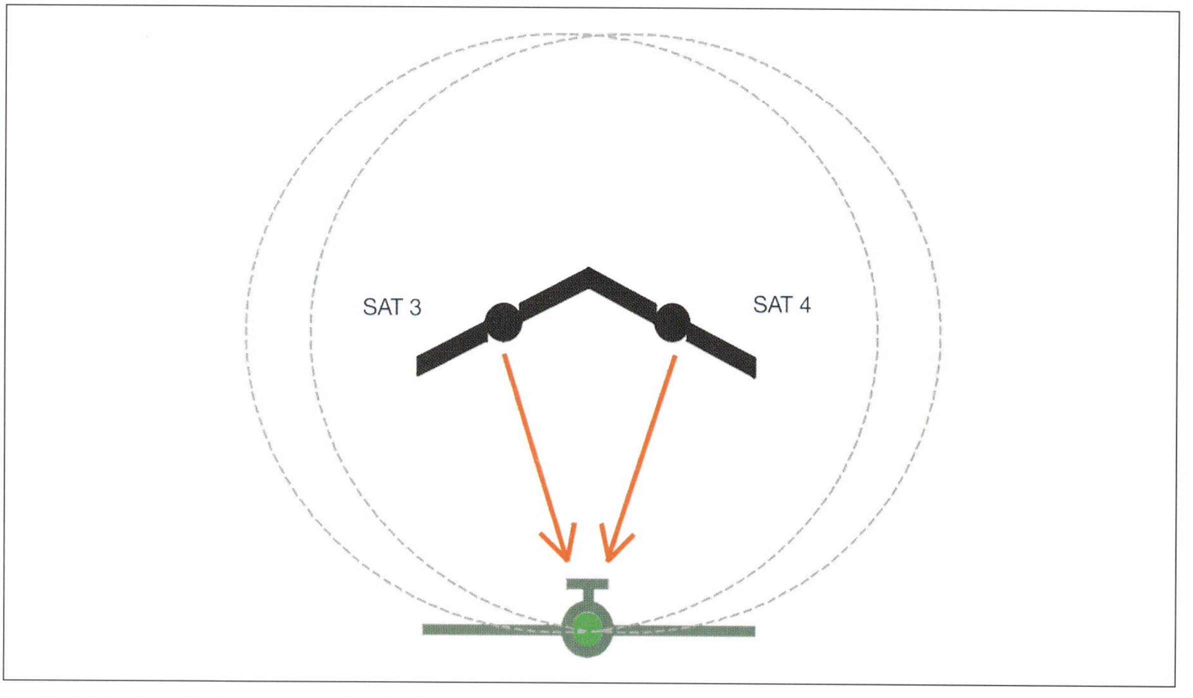

Bild 7.5 Ungünstige Satellitenkonstellation – geringe HDOP

In der folgenden Abbildung **(Bild 7.6)** stehen die Satelliten 2 und 5 günstig zueinander. Die Entfernungsmessung dieser beiden Satelliten ergibt einen eindeutigen Schnittpunkt.

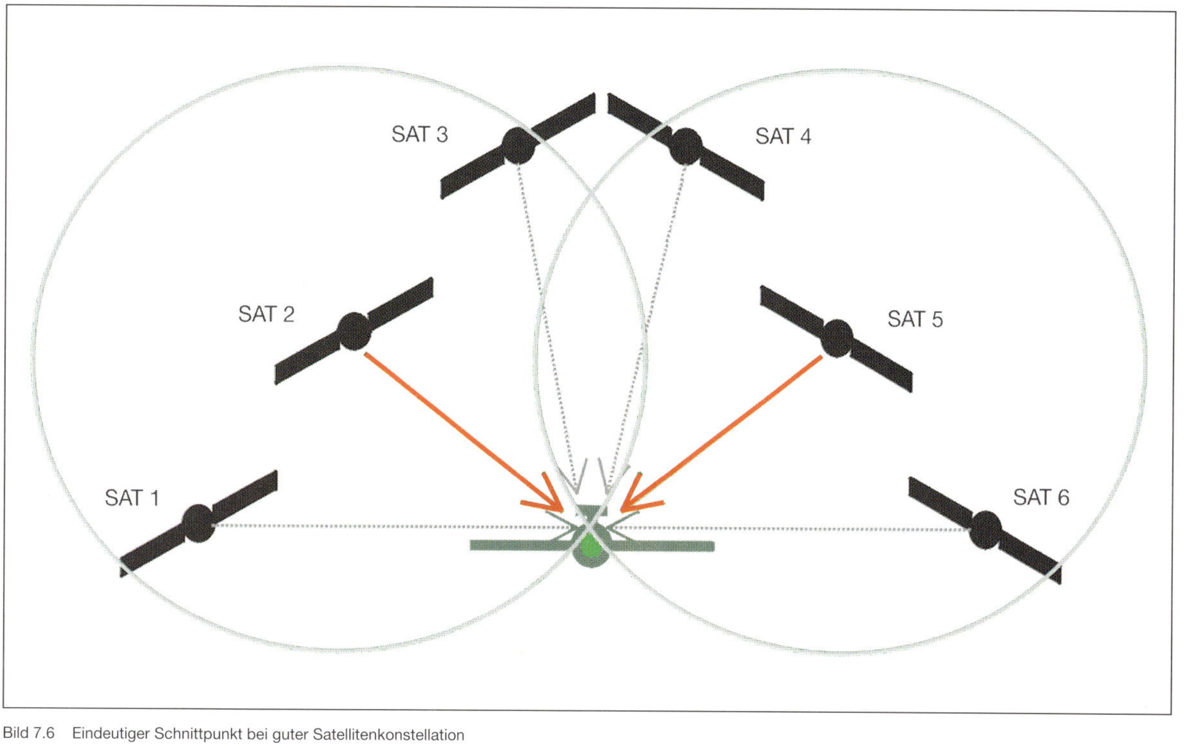

Bild 7.6 Eindeutiger Schnittpunkt bei guter Satellitenkonstellation

Diese **mögliche Systemgenauigkeit** in Abhängigkeit von der Satellitenkonstellation nennt man **GDOP – Geometric Dilution of Precision.**

Ideal wäre eine **GDOP von 1**. Reeller sind GDOP Werte zwischen 3 und 8. Ausgehend von einer prinzipiellen Systemgenauigkeit von 30 m, würde die Positionsgenauigkeit bei GDOP 5 auf 150 m verschlechtert!

Neben dem Begriff GDOP werden noch folgende Begriffe verwendet:

- **PDOP** – **P**osition **D**ilution **of** **P**recision beschreibt die **dreidimensionale Genauigkeit**.
- **HDOP** – **H**orizontal **D**ilution **of** **P**recision beschreibt die **horizontale Genauigkeit**.
- **VDOP** – **V**ertical **D**ilution **of** **P**recision beschreibt die **vertikale Genauigkeit**.
- **TDOP** – **T**ime **D**ilution **of** **P**recision beschreibt den **Uhrenfehler des Empfängers**.

Merken Sie sich:

- GDOP ist ein Maß für die geometrisch mögliche Genauigkeit der Positionsbestimmung.
- Eine GDOP zwischen 3 und 8 ist realistisch.
- Bei GDOP X ist die Genauigkeit Ihrer Position X-mal schlechter als theoretisch möglich.

7.5 Fehler der Systemkomponenten – UERE

UERE – User Equivalent Range Error. Unter dieser Bezeichnung wird eine Vielzahl von möglichen Fehlern zusammengefaßt, die sich gegenseitig beeinflussen. Diese Fehler können gravierenden Einfluß auf die Navigationsgenauigkeit haben! Die hauptsächliche Ursache dieser Fehler ist in der verwendeten Hard- beziehungsweise Software sowohl auf der Satellitenseite als auch auf der Empfängerseite zu suchen.

7.5.1 Genauigkeit der Satellitenuhren

Die Ganggenauigkeit der Satellitenuhren ist zwar extrem hoch, jedoch können auch sie Fehler aufweisen.
Folgende Effekte werden in der Relativitätstheorie beschrieben:

- Bewegte Uhren laufen langsamer als ruhende Uhren.
- Uhren in der Nähe eines Gravitationsfeldes (Erde) laufen langsamer als Uhren, die weiter davon entfernt sind.

Beide Effekte überlagern sich, wobei der letztgenannte überwiegt. Insgesamt gehen also Satellitenuhren schneller als Uhren auf der Erde. Daraus resultiert, daß die GPS Systemzeit immer von UTC abweichen muß! Diese Zeitdifferenz wird von der MCS über ein Kontrollsignal normalerweise ausgeglichen, so daß Ihre GPSSU immer UTC zeigt.

Ein falsches Zeitsignal des Satelliten hat natürlich eine fehlerhafte Entfernungsmessung zur Folge.

7.5.2 Stabilität der Umlaufbahn

Die Umlaufbahnen der Satelliten werden durch einige Faktoren beeinflußt:

- Reibung in der Atmosphäre.
- Verschiedene Gravitationsfelder (Mond, Sonne und weitere Planeten).
- Unterschiedliche Massenverteilung in der Erde.
- Sonnenwinde.

Eine solche Änderung der Umlaufbahn kann zwar von der Master Control Station ermittelt werden, woraufhin ein entsprechendes Korrektursignal gesendet wird, nur leider dauert das zu lange. Solange der Fehler von der MCS noch nicht behoben wurde, sendet der Satellit falsche Positionsdaten. Da der Empfänger nicht wissen kann, daß diese Daten falsch sind, errechnet er ohne jegliche Warnung eine falsche Position.

7.5.3 Fehlerhafte Navigations-Nachricht

Andere Fehler in der Navigations-Nachricht führen zu dem gleichen Phänomen. Solange die MCS nicht gemerkt hat, daß einer der im Orbit befindlichen Satelliten falsche Daten sendet, kann sie kein Korrektursignal einspielen. Der Pilot wiederum meint, er würde genau navigieren. De facto kann sein GPS aber gar nicht anders, als ihm falsche Werte zu zeigen. Auf einem IFR Anflug sind solche Fehler nicht zu gebrauchen. Eine Möglichkeit zur Vermeidung solcher Fehler stellt das RAIM-System dar (siehe Abschnitte 7.6 und 12.1).

7.5.4 Fehler bei der Korrektur des Ionosphärenfehlers

Jawohl, auch beim Herausrechnen von Fehlern entstehen Fehler. Da – wie bereits gesagt – für C/A Geräte nur ein Mittelwert zur Anwendung kommen kann, kann die Korrektur des Ionosphärenfehlers sehr mangelhaft sein. Wiederum mit dem Resultat einer falschen Positionsanzeige.

7.5.5 Schlechte Prozessorqualität

Je schlechter die Qualität des eingesetzten Prozessors im Empfänger ist, um so schneller ist er überfordert. Einkanalempfänger sind z.B. für Luftfahrtzwecke zu langsam. Mehrkanalempfänger, die mehrere Satelliten simultan verarbeiten können, sind erforderlich. Für die Luftfahrt zugelassene Geräte müssen gewisse Spezifikationen erfüllen – und das aus gutem Grund.

Merken Sie sich:

- Unter UERE werden verschiedene Hard- und Softwarefehler zusammengefaßt.
- Die GPS Systemzeit unterscheidet sich von UTC (Ausgleich über Kontrollsignal).
- Die Umlaufbahnen der Satelliten werden von den Faktoren Reibung, Gravitation (Massenverteilung Erde; Sonne, Mond, Planeten), Sonnenaktivität gestört.
- Die Navigations-Nachricht kann fehlerbehaftet sein.
- Die Korrektur des Ionosphärenfehlers ist bei zivilen GPSSU´s normalerweise unzureichend.
- Die Prozessorqualität bestimmt die Leistungsfähigkeit Ihrer GPSSU.
- Fehler können zu gravierenden Positionsfehlern führen, **ohne** daß Sie eine Warnung erhalten!

7.6 RAIM – Receiver Autonomous Integrity Monitoring

Alle bis hierher behandelten GPS Fehler beinhalten eine Besonderheit dieses neuen Navigationssystems. Die Navigation wird unter Umständen verfälscht, ohne daß der Pilot etwas davon merkt. Man kann nach GPS einen Flugplatz anfliegen, nur um an der Entscheidungshöhe (minimale Flughöhe beim Instrumentenanflug ohne Erdsicht) festzustellen, daß da gar kein Flugplatz ist. Ein einfacher GPS Empfänger wird bei diesem Szenario keine Warnung ausgeben. Noch nicht einmal ein IFR zugelassenes Gerät kann eine Warnung ausgeben, wenn schlicht und ergreifend die Koordinaten des Flugplatzes beziehungsweise des Anfluges in der Datenbank falsch sind. Falsche Koordinaten kann man nur ausschließen, indem man die Koordinaten der Datenbank gegen die in der Anflugkarte veröffentlichten Koordinaten checkt. Darüber hinaus ist ein Plausibilitätscheck gegen vorhandene Funkfeuer unerläßlich.

Wie kann man nun verhindern, daß die GPSSU – also der Empfänger – unbemerkt mit falschen Satellitendaten arbeitet? Zu diesem Zwecke wurde **RAIM** entwickelt. Unter **R**eceiver **A**utonomous **I**ntegrity **M**onitoring versteht man eine **interne Qualitätskontrolle der GPSSU**.

RAIM funktioniert folgendermaßen:

Wie weiter vorne geschildert, **benötigt die GPSSU vier Satelliten**, um navigieren zu können.

Wenn **fünf Satelliten** zeitgleich empfangen werden können, kann der **Prozessor feststellen, ob ein Satellit falsche Daten liefert. In diesem Fall wird eine RAIM Warnung ausgegeben.**

Das System ist **fail operational**, das heißt, mit Ausgabe der RAIM Warnung kann zwar noch navigiert werden, über die Genauigkeit der Position läßt sich jedoch keine Aussage mehr treffen.

Solange keine RAIM Warnung angezeigt wird, liegen die fünf Satellitenpositionen innerhalb der für die Flugphase geforderten Genauigkeit.

Ein **Empfänger, der sechs Satelliten** gleichzeitig verarbeitet, ist **„fail safe"**. Bei falschen Signalen von einem Satelliten kann er nicht nur feststellen, daß ein **Satellit fehlerhafte Daten** sendet, sondern diesen Satelliten auch **identifizieren und aus der Positionsberechnung herausnehmen.**

Außer fehlerhaften Daten wird auch das „Verschwinden" eines Satelliten unter dem Horizont berücksichtigt, was schlicht und ergreifend Datenverlust bedeutet.

Allerdings ist nicht jeder Empfänger, der sechs Satelliten gleichzeitig verarbeiten kann, RAIM tauglich. Ein RAIM Empfänger muß die nötige Soft- und Hardware besitzen, um verschiedene Positionen mit Kombinationen verschiedener Satelliten zeitgleich zu errechnen und diese Positionen zu vergleichen. Sollte eine Diskrepanz auftreten, die außerhalb der für die Flugphase geforderten Genauigkeit liegt, muß die GPSSU über entsprechende Ausgabemöglichkeiten für die RAIM Warnung an die Crew verfügen.

Spätestens jetzt sollte jedem VFR Piloten deutlich sein, daß IFR zugelassene GPS Empfänger aus gutem Grunde mehr können müssen und somit entsprechend teurer sind als sein VFR Gerät.

Die oben geschilderte Art und Weise, einen Qualitätscheck darzustellen, ist allerdings nicht die einzige. Man kann die Integrität der GPS Position natürlich auch überprüfen, indem man die GPS Daten zeitgleich mit anderen Navigationsdaten vergleicht. Ist das **FMS** (**Flight Management System**) eines Flugzeuges in der Lage, automatisch DME Frequenzen zu rasten und über mehrere Entfernungskreise von bekannten DME Stationen eine Positionsbestimmung durchzuführen, kann auch diese DME Position gegen die GPS Position gecheckt werden.

Der Oberbegriff für Verfahren zum Integritätscheck mit Ausschluß unzuverlässiger Satelliten heißt **FDE – Fault Detection and Exclusion** (siehe hierzu auch Abschnitt 12.1 FDE).

Wichtig ist in jedem Fall, daß das Gerät über eine automatische und zugelassene Integritätskontrolle verfügen muß, um im Instrumentenflug eingesetzt zu werden!

Merken Sie sich:

- RAIM ist eine interne Integritätskontrolle Ihrer GPSSU.
- RAIM überwacht die Betriebsgenauigkeit des Systems.
- Ohne RAIM keine Instrumentenanflüge – auch nicht VIFR!!!
- Bei RAIM Warnung ist Ihr GPS Empfänger nicht mehr verläßlich.
- Konsequenterweise kann ein **GPS Empfänger ohne RAIM nur als Hilfsmittel im Sichtflug** genutzt werden.

8.0 Was kann GPS leisten?

Immer wieder hört man Aussagen, wie schön genau doch so ein GPS Empfänger wäre. Wir haben mittlerweile allerdings auch gesehen, wie ungenau und unzuverlässig GPS Navigation sein kann. Das soll Sie nun nicht davon abhalten GPS einzusetzen – nur setzen Sie es bitte innerhalb der zulässigen Grenzen ein!

8.1 Genauigkeit

Die beiden, die Genauigkeit betreffenden GPS Standards sind **PPS (Precision Positioning Service)** und **SPS (Standard Positioning Service).**

8.2 PPS – Precision Positioning Service

PPS wird hauptsächlich militärischen Nutzern zur Verfügung gestellt. Ein PPS Empfänger kann sowohl den C/A Code als auch den P-Code auf L1 lesen. Außerdem ist er in der Lage, den P-Code auf L2 zu lesen.

PPS ist der genaueste GPS Standard.

Horizontale Genauigkeit:	16 m	zu 50 % der Zeit
	20 m - 60 m	zu 95 % der Zeit
Genauigkeit der Geschwindigkeit:	0,1 m/s	
Genauigkeit der Zeit:	±100 Nanosekunden	

Um Mißbrauch der hoch genauen Signale zu vermeiden, wird der P-Code verschlüsselt. Diese Verschlüsselung nennt sich **Anti Spoofing – A/S**. Zu nicht festgelegten Zeiten wird der P-Code ohne Ankündigung in den sogenannten Y-Code umgewandelt. Ein nicht offiziell genehmigter Empfänger kann den Y-Code nicht lesen und verliert somit die Navigationsdaten.

8.3 SPS – Standard Positioning Service

SPS beruht auf dem **C/A Code**, ist also jedermann zugänglich.

Horizontale Genauigkeit:	100 m	zu 95 % der Zeit
	300 m	zu 99,99 % der Zeit
Vertikale Genauigkeit:	140 m / 460 Fuß über dem WGS-84 Ellipsoid	
Genauigkeit der Zeit:	± 340 Nanosekunden	

Betrachtet man die erreichbare vertikale Genauigkeit, dann wird klar, warum GPS alleine nicht zur Höhenführung nach Instrumentenflugregeln ausreicht. Erstens wird die Höhe über dem WGS-84 Ellipsoid und nicht über der Erdoberfläche angezeigt. Zweitens ist eine Toleranz von 460 Fuß etwas viel!

Da man davon ausgeht, daß Terrororganisationen, militärische Gegner etc. nur über SPS verfügen, hat man auch hier einen Schutz eingebaut. Er heißt **S/A (Selective Availability)** und meint, daß die Bahndaten und/oder Uhrenkorrektursignale bewußt verändert werden, um zu falschen Positionsberechnungen zu führen.

Da die Nutzung von SPS mittlerweile weit verbreitet ist, hat man sich dazu entschlossen, Einschränkungen des SPS mit 48 Stunden Vorlaufzeit über NOTAM bekanntzumachen (siehe folgende Abbildung). Plötzlich auftretende Systemausfälle oder -einschränkungen können jedoch naturgemäß erst nach Bekanntwerden veröffentlicht werden.

Im Kriegsfalle ist ein plötzliches Abschalten des SPS Signales immer noch möglich. Die Wahrscheinlichkeit scheint allerdings sehr gering. Die möglichen Folgen bei Unmengen von zivilen Nutzern sind bekannt, und sogar die US Armee hat beim Golfkrieg teilweise SPS Empfänger benutzt. Ein Grund, warum das Signal nicht ausgeschaltet wurde.

Ein solches **GPS NOTAM** sieht zum Beispiel folgendermaßen aus:

```
=======================================================
ENROUTE FIR/UIR DESTINATION - DESTINATION ALTERNATES
=======================================================
LSAS                SWITZERLAND FIR
---------------------------------------------------
1A184/97
  GPS SIGNAL UNREL FOR NAV WI SWITZERLAND S OF 4605N
  (S OF MONTE CENERI) .
  F) GND
  G) FL150
```

8.4 Verfügbarkeit

Um mit GPS navigieren zu können, müssen mindestens vier Satelliten empfangen werden. Für RAIM benötigt man mindestens fünf Satelliten in Sicht. In Sicht ist ein Satellit immer dann, wenn er hoch genug über dem Horizont steht, daß die GPSSU ihn empfangen kann.

Die Verfügbarkeit von mindestens vier Satelliten in Sicht zu jeder Zeit liegt momentan bei >98 %, die von fünf Satelliten bei 70 %. Internationale Organisationen, wie ICAO, sind stark daran interessiert, die Gesamtzahl der Satelliten zu erhöhen, um eine noch bessere Verfügbarkeit zu erreichen.

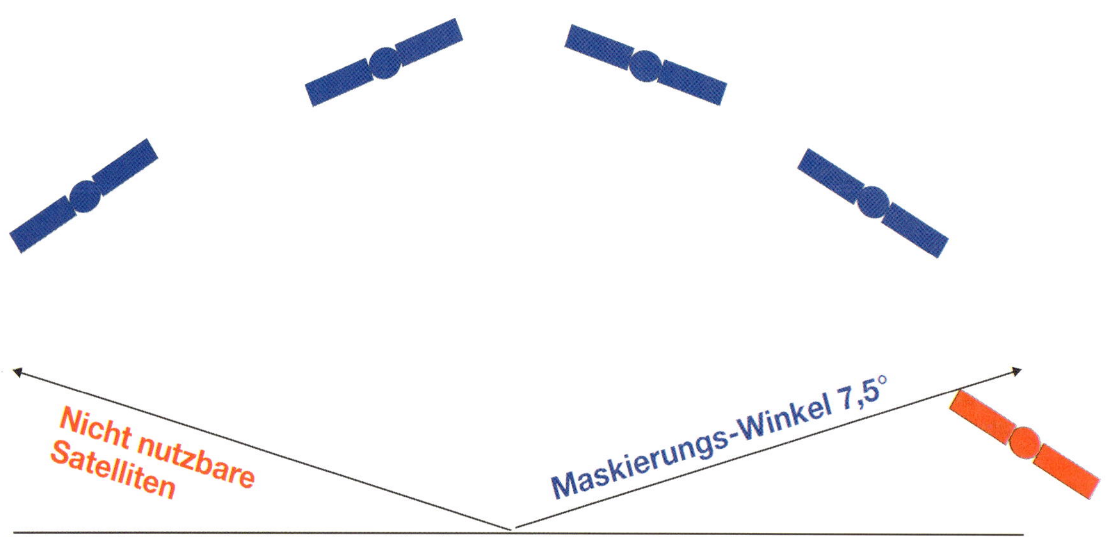

Bild 8.1 Höhe der Satelliten über dem Horizont

Moderne Empfänger sind zwar in der Lage, einen Satelliten zu empfangen, der genau am Horizont steht. Da ein solcher Satellit aber unter Umständen sehr bald unter dem Horizont verschwindet, ist für IFR Betrieb vorgeschrieben, daß alle Satelliten mindestens 7,5° über dem Horizont stehen müssen. Diese Höhe der Satelliten über dem Horizont wird mit dem englischen Begriff **Masking Angle** bezeichnet, die deutsche Version davon heißt **„Maskierungs-Winkel".**

Um **GPS als Navigationsmittel im IFR Betrieb als zusätzliches Navigationsmittel** nutzen zu dürfen, schreiben die **Minimum Operation Performance Specifications – MOPS** folgendes vor:

- Mindestens fünf Satelliten müssen in Sicht sein.
- Alle Satelliten müssen mindestens 7,5° über dem Horizont stehen.
- Mindestens vier der fünf Satelliten müssen die geforderte horizontale Genauigkeit erreichen.

GPS Signale verschwinden manchmal für Minuten bis zu mehreren Tagen ohne erkennbaren Grund. Diese Erscheinung ist an bestimmte geographische Gegenden geknüpft. Den **unerklärlichen GPS Ausfall** nennt man **„Worm Holes".**

8.5 Einschränkungen einfacher GPSSU´s

Ein einfacher GPS Empfänger erfüllt nicht die Bedingungen, um als alleiniges Navigationsgerät zugelassen oder betrieben zu werden!

Folgende Gründe sind dafür ausschlaggebend:

1. **Integrität:** Die Zeitspanne vom Auftreten eines Systemfehlers bis zur möglichen Warnung liegt bei über 15 Minuten. Für Kategorie I Anflüge nach IFR sollen 6 Sekunden erreicht werden. Für Kategorie II/III Anflüge werden 2 Sekunden angestrebt. Erreicht wird die schnelle Vorwarnzeit über den Einsatz von WAAS und LAAS (siehe folgende Abschnitte).

2. **Verfügbarkeit:** Momentan sind vier Satelliten zu 98 %, fünf Satelliten zu 70 % verfügbar. Für Kategorie I Anflüge wird eine Verfügbarkeit von 99,999 % angestrebt, für Kategorie II/III Anflüge sollen 99,99999 % erreicht werden.

3. **Genauigkeit:** Für Kategorie I Anflüge sollen 7,6 m Systemgenauigkeit erreicht werden, für Kategorie II/III Anflüge 1 m.

9.0 Systeme zur Erhöhung der Genauigkeit

9.1 DGPS - Differential GPS

Um die möglichen Fehler des GPS Systems zu minimieren und das System für Instrumentenanflüge tauglich zu machen, wurden verschiedene Hilfsmittel erdacht. Sie alle haben den Zweck, die Genauigkeit zu erhöhen.

Oft werden sie unter dem Oberbegriff **Differential GPS - DGPS** zusammengefaßt. Allerdings bezeichnet **DGPS** ein ganz bestimmtes System, das von der US Küstenwache entwickelt wurde.

Der **Kern des DGPS Systems ist ein GPS Empfänger**, der ebenfalls als GPS Sender arbeitet. Seine Position ist exakt vermessen. Er empfängt ständig eingehende GPS Signale aller Satelliten, die in Sicht sind. Anschließend vergleicht er seine exakt vermessene Position mit den errechneten GPS Positionen.

Auf diese Weise kann er Fehler in der Laufzeitmessung oder der Navigations-Nachricht erkennen. Anschließend sendet er ein Korrektursignal an alle in Sicht befindlichen GPSSU´s. Dieses Signal kann eine Korrektur der Laufzeitmessung oder eine Koordinatenkorrektur sein.

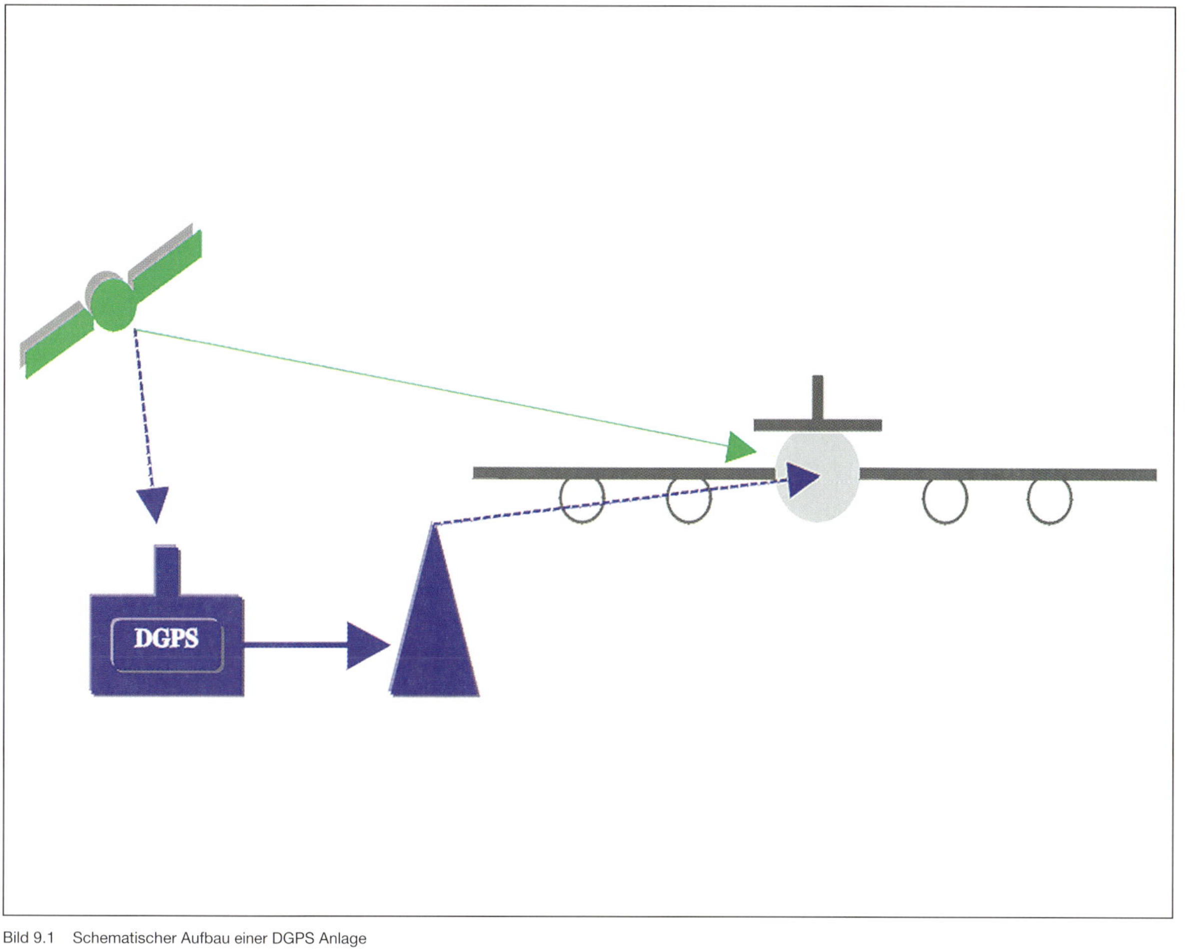

Bild 9.1 Schematischer Aufbau einer DGPS Anlage

Der Empfänger muß in der Lage sein, sowohl GPS Signale als auch das DGPS Korrektursignal zu empfangen und auszuwerten.

Die typische Reichweite von solchen DGPS Stationen beträgt 150 NM, wobei die Genauigkeit mit der Entfernung stark abnimmt. In unmittelbarer Stationsnähe können allerdings Werte < 10 m erzielt werden. Die folgende Abbildung **(siehe Bild 9.2)** zeigt die DGPS Stationen der US Küstenwache.

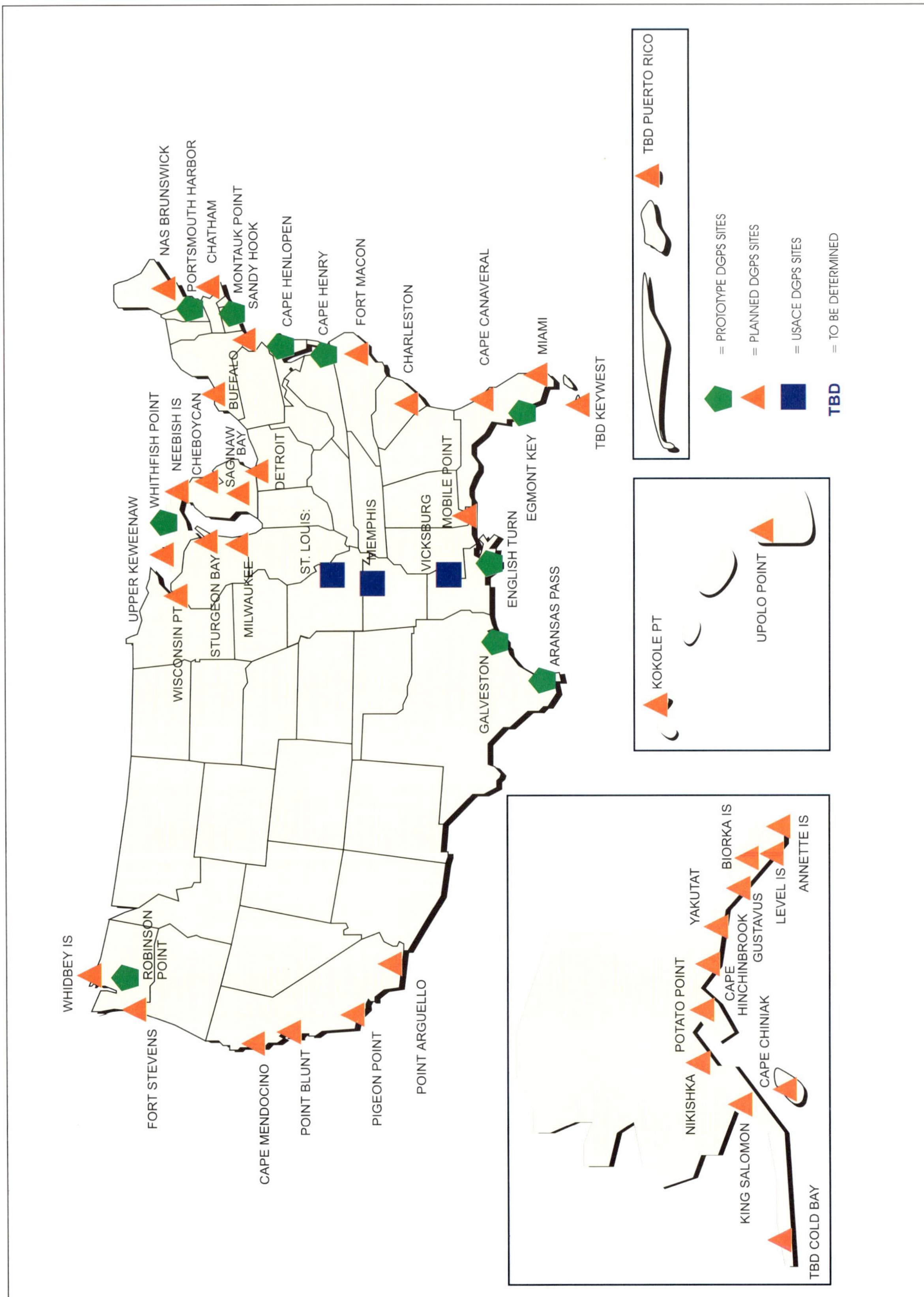

Bild 9.2 DGPS Stationen der US Küstenwache

9.2 WAAS – Wide Area Augmentation System

Das **WAAS System** stellt im wesentlichen das **zivile Gegenstück zum DGPS** dar. Es verfügt allerdings über einige Vorteile: Die Korrekturdaten werden augenblicklich über zwei geostationäre Satelliten („ortsfeste" Satelliten) versandt. Sie sind wie GPS Signale moduliert, benutzen den C/A Code und die GPS Frequenzen. Das heißt, daß die notwendigen Modifikationen des Empfängers geringer ausfallen.

Die **WAAS Satelliten** empfangen ihr **Korrektursignal** von **drei Wide Area Master Stations – WMS**, die wiederum von **24 Wide Area Reference Stations** gespeist werden. Es werden alle Satelliten, die in Sicht sind, kontinuierlich empfangen und ausgewertet. Da die Reference Stations über ganz USA verteilt sind, gelangt man zu sehr genauen Korrektursignalen. Damit ist auch klar, daß die Genauigkeit relativ unabhängig von der Entfernung zur Korrekturstation ist.

Unter WAAS wird eine horizontale und vertikale Genauigkeit von 7,6 m zu 95 % für Kategorie I Anflüge erreicht.

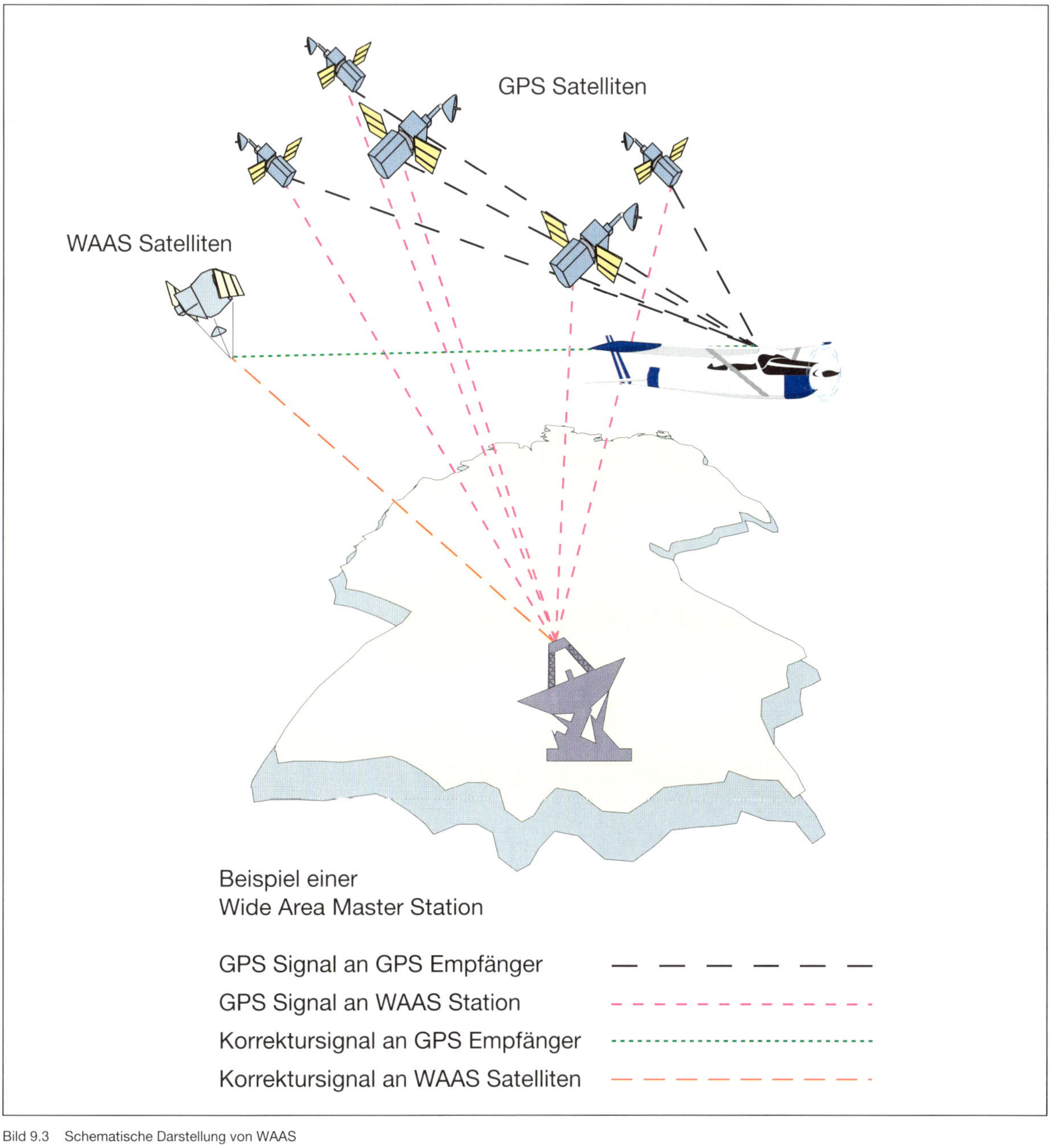

Bild 9.3 Schematische Darstellung von WAAS

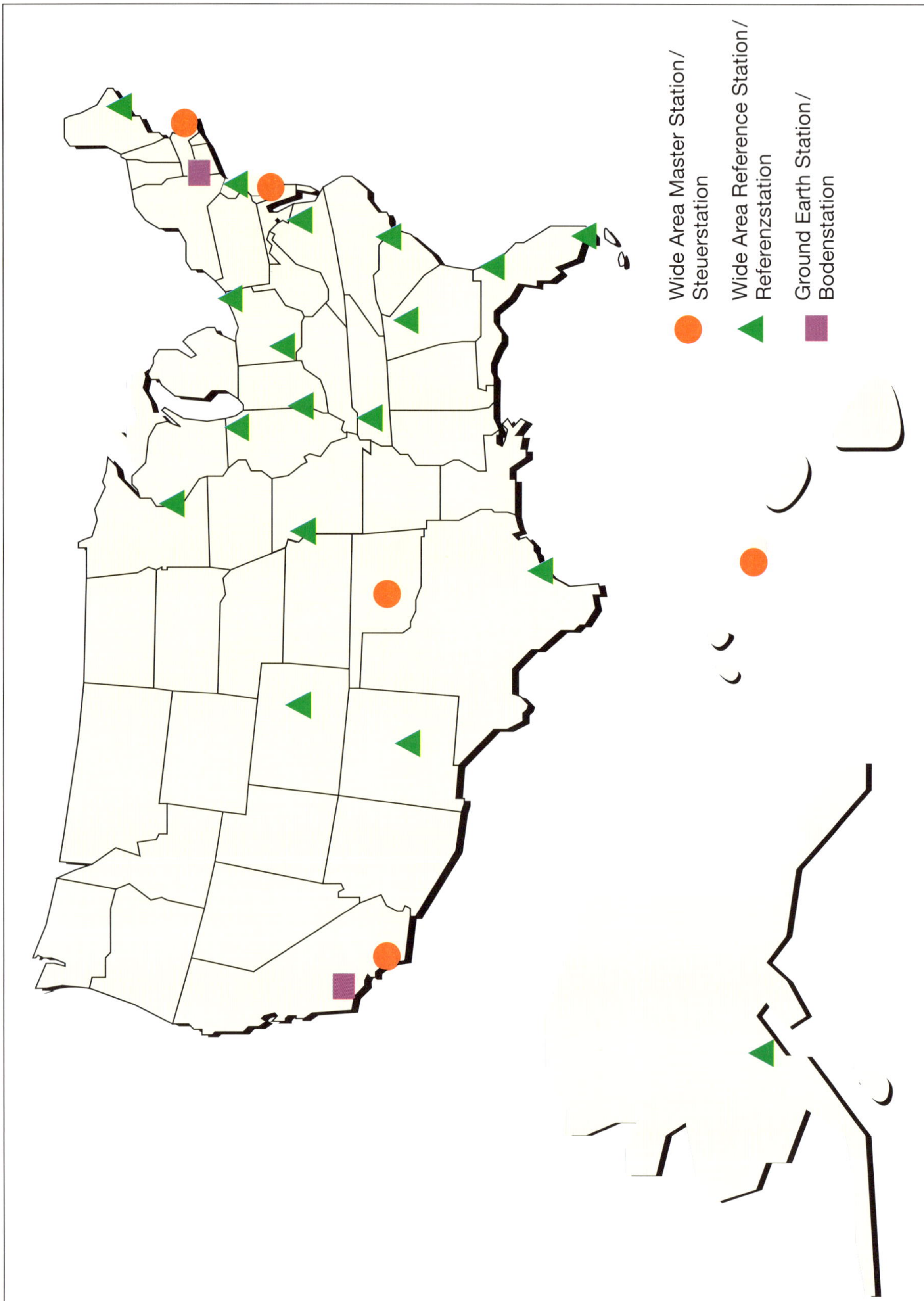

Bild 9.4 Verteilung der WAAS Stationen

Die Entwicklung von WAAS ist in vollem Gange. Bis August 1999 soll **IOC (Initial Operating Capability)** erreicht sein. **FOC (Full Operating Capability)** wird im Jahr 2001 erwartet. WAAS soll in ganz USA Kategorie I Anflüge sicherstellen. Die Betriebszeit ist bis 2010 geplant – dann soll das System einen Nachfolger bekommen. In Europa ist eine ähnliche Entwicklung mit EGNOS denkbar.

9.3 LAAS – Local Area Augmentation System

LAAS stellt ein zusätzliches System zur Verbesserung der Anfluggenauigkeit dar. Während WAAS ausreichend ist bis zu Kategorie I Anflügen, sollen unter LAAS Genauigkeiten von 1 m innerhalb eines Radius von 20 NM um einen Flughafen erreicht werden. Damit werden Kategorie II/III Anflüge möglich sowie eine Rollführung bei schlechten Sichten. Darüber hinaus kann LAAS an Flugplätzen zum Einsatz kommen, die aufgrund bergiger Umgebung von WAAS nicht ausreichend versorgt werden können.

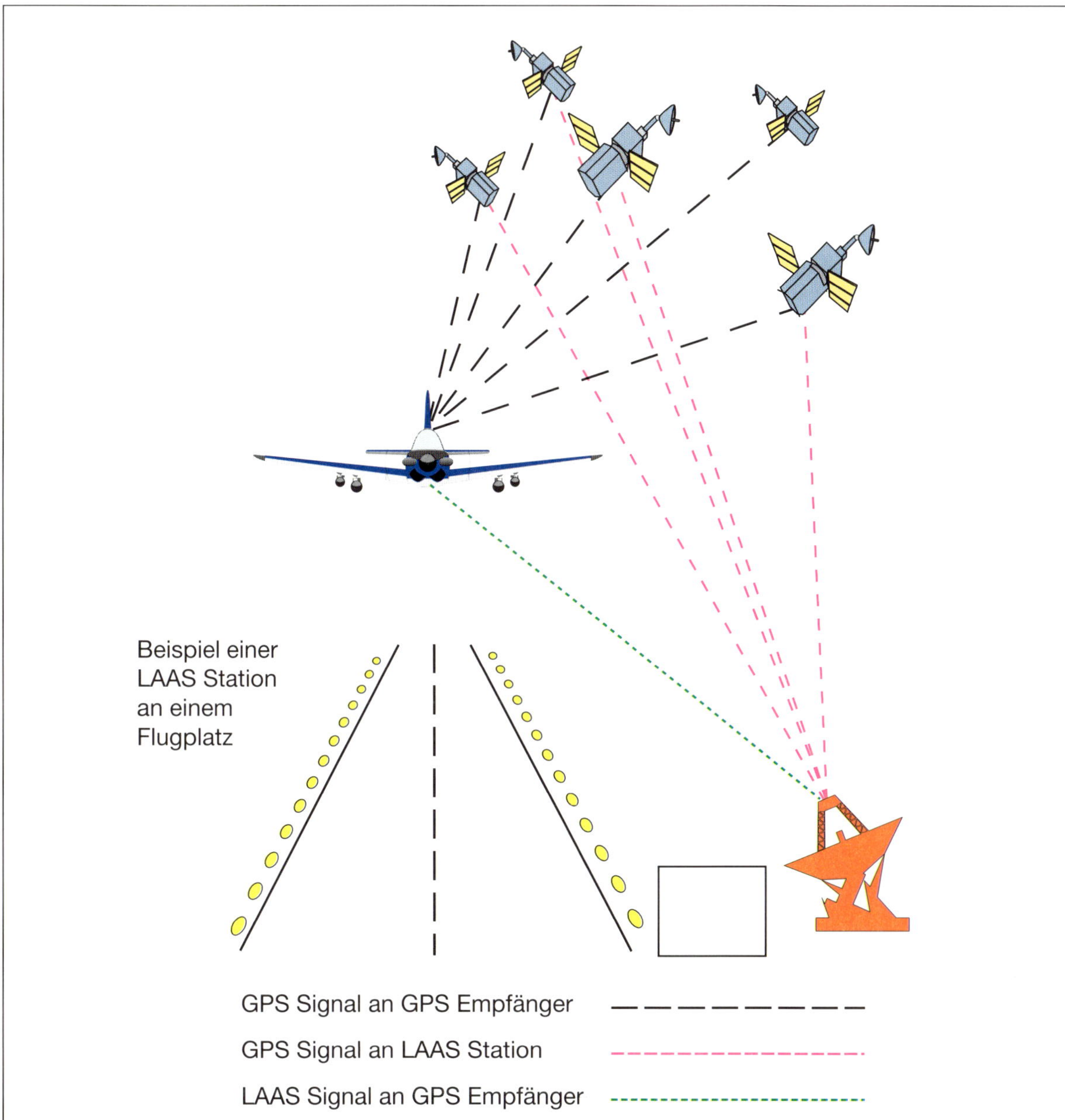

Bild 9.5 Prinzip einer LAAS Station

Neben der Tatsache, daß **sogar Rollvorgänge mit LAAS durchzuführen** sein werden, ist ein besonderer Vorteil, daß ein **LAAS Sender für alle Bahnen eines Flugplatzes ausreichend ist**.

Die Funktion des Systems ist trotzdem ziemlich aufwendig. Mehrere Antennen auf dem Flugplatz (deren Positionen genau vermessen sind) empfangen das GPS und das WAAS Signal aller in Sicht befindlichen Satelliten. Außerdem sind diese Antennen gegen Mehrwegausbreitung geschützt. Das Signal dieser Antennen wird an den LAAS Rechner gesendet. Dieser bildet aus den empfangenen Pseudo-Entfernungen einen **geglätteten Code**, den sogenannten **CSC – Carrier Smoothed Code**. Der CSC wird zusammen mit einem Korrektursignal an die Empfänger ausgestrahlt.

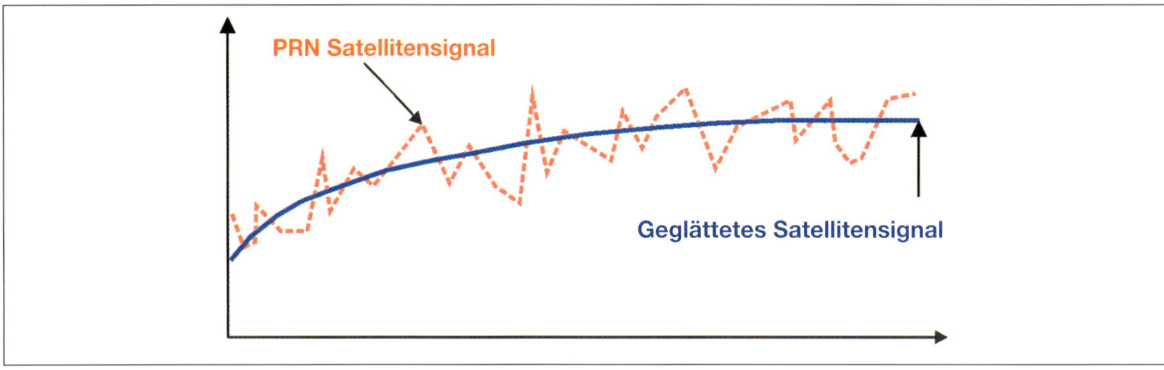

Bild 9.6 Carrier Smoothed Code einer LAAS Station

Des weiteren existieren Überlegungen, **LAAS Flughäfen mit künstlichen Satelliten auszustatten**, das heißt, **Bodenstationen zu installieren, die auf GPS Frequenzen senden und so dem Empfänger zusätzliche genaue Entfernungsmessungen ermöglichen.**

Außer diesen staatlichen Systemen WAAS und LAAS ist die Entwicklung privater Systeme für die nahe Zukunft vorstellbar. Solche Systeme wären aller Voraussicht nach verschlüsselt und würden dem Nutzer gegen Gebühr zur Verfügung stehen.

9.4 EGNOS – European Geostationary Navigation Overlay System

EGNOS ist die **europäische Variante des WAAS**. Da die amerikanischen Korrekturdaten für Europa nicht brauchbar sind, wurden auch hier Monitoring Stations errichtet. Eine große Herausforderung stellte der nahtlose Informationsaustausch zwischen beiden Systemen dar. Ein Flugzeug, das quer über den Atlantik fliegt, um in Europa zu landen, muß lückenlos mit GPS navigieren können, wenn das System weltweite Verwendung finden soll.

Im September und Oktober 1997 wurden mit einer Boeing 727 der FAA sowie einem Challenger Jet der NAV CANADA sogenannte Seamless Navigation Testflights nach Tijuana in Mexiko sowie Rom Ciampino durchgeführt. An jedem dieser Flugplätze wurden 30 Anflüge mit einer Entscheidungshöhe von 50 Fuß durchgeführt. Die erzielte Genauigkeit lag bei 2 - 4 m!

Damit wurde demonstriert, daß **GPS als weltweites Navigationssystem zum Einsatz kommen kann.**

10.0 GLONASS

Wie eingangs bereits erwähnt, haben auch die Russen ein Satellitennavigationssystem entwickelt. Es heißt **GLONASS – Global Orbiting Navigation Satellite System**.

Sein Funktionsprinzip beruht auf der Laufzeitmessung und Messung der Dopplerverschiebung.

1982 wurde der erste GLONASS Satellit vom russischen Raumfahrtzentrum Baikonur aus in den Orbit geschossen. 1993 wurde das System für betriebsbereit erklärt. Die Gesamtzahl der gestarteten Satelliten lag bis dahin bei 70. Allerdings sind detaillierte Informationen spärlich. Es scheint Probleme mit der Lebensdauer der Satelliten zu geben. Auch ist nicht klar, inwieweit die Erklärung der Betriebsbereitschaft lediglich politisch motiviert war.

Der Aufbau des Systems sieht drei Umlaufbahnen vor, auf denen sich jeweils acht Satelliten befinden. Die Inklination über dem Äquator wird mit 64,8° angegeben. Die Höhe der Umlaufbahn beträgt 19 150 km (11 870 NM). Navigatorische Grundlage ist das Vermessungssystem **SGS-85** (**Soviet Geodetic System of 1985**).

Während das Kontrollsegment dem des GPS stark ähnelt, finden sich im Raumsegment Unterschiede. Die Satelliten werden nicht anhand ihres PRN-Codes identifiziert, sondern jeder Satellit sendet auf einer eigenen Frequenz:

L1 = 1 598.1 MHz + (satellite number × 0.5625)
L2 = 1 246.4375 MHz + (satellite number × 0.5625)

Auf L1 wird ein **SP (Standard Precision)** und ein **HP (High Precision) Code** gesendet. Auf L2 wird lediglich HP ausgestrahlt. Keiner dieser Codes ist verschlüsselt.

Die Genauigkeit von GLONASS wird angegeben wie folgt:

Horizontale Genauigkeit:	50 m - 70 m zu 99,7 %
Vertikale Genauigkeit:	170 m
Genauigkeit der Geschwindigkeit:	0,15 m/s
Genauigkeit der Zeit:	1 Microsekunde

Damit ist GLONASS genauer als SPS GPS. Trotzdem hat es bisher keine wesentliche Verbreitung gefunden. Die Gründe dafür sind mangelnde Informationen und politische Unwägbarkeiten.

Die ICAO hat GLONASS allerdings als Bestandteil ihres **GNSSP (Global Navigation Satellite System Master Plan**) aufgenommen. Es ist davon auszugehen, daß **GLONASS neben GPS zu GNSS gehören wird.**

11.0 Vorschriften

11.1 Generell

Grundsätzlich unterliegt der Betrieb einer GPSSU im Flugzeug gewissen Vorschriften und Regelungen. Diese werden erlassen von den zuständigen Behörden, zum Beispiel der **ICAO (International Civil Aviation Administration),** der **JAA (Joint Aviation Authorities)**, dem **BMV (Bundesminister für Verkehr)**, dem **LBA (Luftfahrt-Bundesamt)** etc.

Da diese Behörden das GPS nicht neu erfinden wollen, werden sie bei der Erarbeitung der Vorschriften unterstützt von spezifischen Fachverbänden, so zum Beispiel der **Radio Technical Commission for Aeronautics (RTCA),** der **European Organization for Civil Aviation Electronics (EUROCAE)** und so weiter.

Diese Verbände respektive Fachgruppen entwickeln **MOPS (Minimum Operational Performance Specifications)**, das heißt, sie **entwickeln Standards**, die ein **Gerät mindestens erfüllen muß, um sicher arbeiten zu können.** Diese Standards dienen wiederum den Behörden als Grundlage für die Entwicklung von Vorschriften bezüglich GPS.

Merken Sie sich:

- Ihre GPSSU muß von der Luftfahrtbehörde des Landes, in dem Ihr Luftfahrzeug zugelassen ist, für den Betrieb in Luftfahrzeugen zugelassen sein.
- Der Einbau und die Nachprüfung des Gerätes muß den gültigen Bestimmungen entsprechen.
- Der Betrieb des Gerätes muß in Übereinstimmung mit gültigen Vorschriften erfolgen.
- Das Gerät muß für den Verwendungszweck geeignet und zugelassen sein.
- Bei Verwendung des Gerätes in anderen Ländern sind deren Vorschriften maßgeblich.
- Vor dem Instrumentenflug mit GPS hat der Pilot sich mit den veröffentlichten GPS NOTAM´s vertraut zu machen.

Da GPS ein relativ neues System ist und sich darüber hinaus noch mitten in der Entwicklung befindet, kommen fast täglich neue Verfahren und Vorschriften zum Umgang mit dem System heraus. Das ist einerseits für den Nutzer nicht besonders befriedigend.

Bedenken Sie bei aller angebrachter Kritik aber andererseits bitte zwei Dinge:

- Erstens ist GPS wirklich ein neues System – und es ist nicht anzunehmen, daß die Entwicklung und Einführung von VOR´s wesentlich unkomplizierter vonstatten ging.
- Zweitens machen Sie bitte nicht den Fehler, sich um gar nichts zu kümmern, „weil man da sowieso nicht mehr durchblickt". Sie müssen im Gegenteil versuchen, die neuesten Verordnungen zu dem Thema zu bekommen, da es, wie gesagt, fast täglich Neues gibt.

Eine Vorschrift scheint allerdings Bestand zu haben: Die amerikanische **TSO-C 129**. Es handelt sich hierbei um eine von der **FAA** erlassene **Technical Standard Order**. Sie dient vielen internationalen und nationalen Behörden als Grundlage für eigene Erlässe. Deswegen sehen wir uns die TSO einmal näher an.

11.2 Auszüge aus TSO-C 129

Zunächst wird in der TSO die GPS Ausrüstung für den IFR Betrieb eingeordnet:

TSO-C 129						
Kategorie / Klasse	RAIM	RAIM Entsprechung	Ozeane / entlegene Gebiete	Streckenflug	Nahverkehrsbereich	Nicht-präzisionsanflug
Klasse A[1] – „Stand-alone" GPS Empfänger						
A1	JA		JA	JA	JA	JA
A2	JA		JA	JA	JA	NEIN
Klasse B[2] – Multisensor-GPS Empfänger						
B1	JA		JA	JA	JA	JA
B2	JA		JA	JA	JA	NEIN
B3		JA	JA	JA	JA	JA
B4		JA	JA	JA	JA	NEIN
Klasse C – Multisensor-GPS Empfänger, der zusätzlich auf einen Autopiloten oder Flight Director aufgeschaltet werden kann, zur Reduzierung von Flugdurchführungsfehlern („flight technical errors")						
C1	JA		JA	JA	JA	JA
C2	JA		JA	JA	JA	NEIN
C3		JA	JA	JA	JA	JA
C4		JA	JA	JA	JA	NEIN

Tabelle 11.1 Geräteklassifizierung

1) *Ausrüstung der Klasse A sind „Stand-alone" Geräte, also Einzelgeräte.*
2) *Die Klassen B und C umfassen Multisensorgeräte, bei denen GPS z.B. mit FMS gekoppelt ist.*

Da Ausrüstung der Klassen B und C für Geräte gilt, in denen GPS mit anderen Navigationssystemen gekoppelt ist, wird in den meisten Fällen ein Klasse A Gerät anzutreffen sein. Von den Klasse A Geräten ist lediglich die **Klasse A1 für Anflüge unter IFR** zugelassen. Die **Datenbank** muß nach **TSO-C 129** von einem zugelassenen **Datenbank-Hersteller** kommen. Sie muß **alle 28 Tage erneuert werden.**

Zum Thema RAIM schreibt die TSO folgendes vor:

- Die GPS-Ausrüstung muß in der Lage sein, automatisch zu erkennen, welche Genauigkeit in der jeweiligen Flugphase erforderlich ist.
- Innerhalb von 30 NM um den Start- und den Zielflughafen muß das Gerät „Terminal Integrity" sicherstellen.
- 2 NM vor dem **Final Approach Fix (FAF)** muß das Gerät automatisch auf Anfluggenauigkeit umschalten. Diese Genauigkeit muß bis zum **Missed Approach Point (MAPt)** beibehalten werden.

Geräte der Klasse A1 sollen:

- vor dem Umschalten auf Anfluggenauigkeit automatisch überprüfen und sicherstellen, daß die Satellitenkonstellation mindestens bis zum MAPt ausreichend ist, um RAIM sicherzustellen;
- in der Lage sein, dem Piloten nach der Routeneingabe jederzeit vorherzusagen, ob für den Zeitraum von ±15 Minuten der voraussichtlichen Ankunftszeit RAIM zur Verfügung stehen wird.

Die Einbauvorschriften der TSO-C 129 und des AC 20-138 (Advisory Circular) fordern unter anderem:

- Überprüfung der VHF Ausrüstung auf mögliche Interferenzen auf den Frequenzen 121.150 MHz; 121.175 MHz; 121.200 MHz; 131.250 MHz; 131.275 MHz und 131.300 MHz.
- Mögliche Vereisungsgefahr der GPS Antenne muß berücksichtigt werden.
- Die Einspeisung barometrischer Höhendaten muß möglich sein.
- Die Navigationsausrüstung muß so geartet sein, daß der Flug zum und die Landung am Ausweichflughafen mit Hilfe anderer Navigationsmittel möglich ist.

Dazu schreibt die JAA: „Folgende FAA AC's sollen als Grundlage für die Genehmigung des Einbaus von GPS Navigationsgeräten genutzt werden: FAA AC 20-138, AC 20-130A. Zusätzlich zur AC 20-138 muß „Stand-alone" GPS Ausrüstung den Bestimmungen nach FAA TSO-C 129 entsprechen."

11.3 Auszüge aus der Bekanntmachung über die Musterzulassung und Verwendung von GPS-Empfängersystemen vom 17.9.1998 (NfL II – 97/98)

Auf den folgenden Seiten werden Auszüge aus der derzeit gültigen NfL II zur Verwendung von GPS Geräten wiedergegeben. Die NfL wurde dabei etwas gekürzt, um die Sache nicht zu unübersichtlich werden zu lassen. Dabei wurde die originale Gliederung und Absatznummerierung der NfL beibehalten. Wenn Sie es also ganz genau wissen möchten, können Sie die weggelassenen Passagen im Originaldokument nachlesen.

Um Ihnen die Übersicht zu erleichtern, wurde
- der **Originaltext hellblau** hervorgehoben,
- besonders **wichtige Stellen** in **dunklerem blau** hervorgehoben,
- **weggelassene Passagen** durch das **Symbol (...)** ersetzt.

I. Allgemeines

Diese Bekanntmachung ersetzt die NfL II – 73/94 vom 19.07.1994 („Bekanntmachung über die Musterzulassung und Verwendung von GPS-Empfänger-Systemen als ergänzendes Navigationssystem"). Sie beinhaltet die durch nationale Ergänzungen und Regelungen erweiterte Übersetzung des JAA Leaflets Nr. 3 „JAA Interim Guidance Material on Airworthiness Approval and Operational Criteria for the Use of the NAVSTAR Global Positioning System („JAA-Übergangsrichtlinien für die Musterzulassung und die betrieblichen Kriterien bei der Verwendung des Satellitennavigationssystems NAVSTAR GPS").

I.1 Gültigkeitsbereich

I.1.1 Die nachfolgenden Bestimmungen sind sowohl für gewerblich als auch nichtgewerblich betriebene Luftfahrzeuge anzuwenden.

I.1.2 Die Bestimmungen der Verordnung über die Flugsicherungsausrüstung der Luftfahrzeuge (FSAV) bleiben unberührt.

I.1.3 Die Regelungen dieser Bekanntmachung beziehen sich insbesondere auf technische Forderungen sowie flugbetriebliche Verfahrensanweisungen und Regelungen. Betriebsverfahren werden von der DFS Deutsche Flugsicherung GmbH festgelegt.

I.1.4 Diese Bekanntmachung behandelt GPS-Empfänger, die zum festen Einbau in Luftfahrzeuge bestimmt sind.

I.1.5 Für die Musterzulassung von GPS-Empfängersystemen ist eine Baumusterprüfung durch die Regulierungsbehörde für Telekommunikation und Post (RegTP) nicht mehr erforderlich.

I.1.6 Die in Kapitel 5 genannten annehmbaren Nachweisverfahren (z.B. ACs) bedingen bei nachträglicher Einrüstung eine ergänzende Musterprüfung.

I.1.7 Es muß hier zwischen der separaten Musterzulassung des Systems und der Musterzulassung bzw. der Änderung der Musterzulassung für das/die jeweilige Luftfahrzeugmuster/-baureihe unterschieden werden.

I.1.8 Die Anforderungen für Flächennavigation („B-RNAV") regelt die NfL II – 95/97 vom 24.10.1997.

Anmerkung: Die NfL II – 95/97 finden Sie in Auszügen in Abschnitt 11.3.

1. Zweck

Die in dieser Bekanntmachung enthaltenen Richtlinien wurden im Hinblick auf die Harmonisierung der Musterzulassung und der betrieblichen Kriterien bei der Verwendung des Satellitennavigationssystems NAVSTAR GPS innerhalb der JAA-Mitgliedsstaaten erstellt. Das Dokument beschreibt ein annehmbares, aber nicht das einzig anwendbare Verfahren für die Nachweisführung bei der Musterzulassung und enthält Richtlinien für Betreiber von GPS-Geräten.

Anmerkung: Diese Übergangsrichtlinien können in regelmäßigen Abständen geändert werden und werden bei Inkrafttreten durch die entsprechenden Interpretationshilfen der JAA („JAA Interpretative Material") ersetzt.

2. Zugehörige Dokumente

Dokumenten-ID	Titel
EUROCAE ED 72A	Minimum Operational Performance Specification for Airborne GPS Receiving Equipment Used for Supplemental Means of Navigation
JTSO-2C115	Airborne Area Navigation Equipment Using
FAA TSO-C115 ()	Multi-Sensor Inputs
FAA TSO-C129 ()	Airborne Supplemental Navigation Equipment Using the Global Positioning System (GPS)
RTCA DO 208	Minimum Operational Performance Standards for Airborne Supplemental, Navigation Equipment Using Global Positioning System (GPS)
FAA AC 20-138	Airworthiness Approval of Global Positioning System (GPS) Navigation Equipment for Use as a VFR and IFR Supplemental Navigation System (ehemals FAA Notice 8110.47)
FAA AC 20-130A	Airworthiness Approval of Navigation or Flight Management Systems Integrating Multiple Navigation Sensors (ehemals FAA Notice 8110.48)
FAA AC 90-94	Guidelines for Using GPS Equipment for IFR Enroute and Terminal Area Operations and for Nonprecision Instrument Approaches in the US National Airspace System
FAA Notice 8110.60	GPS as Primary Means of Navigation for Oceanic/Remote Operations
DOT/FAA/AAR-95-3	FAA Aircraft Certification Human Factors and Operations Checklist for Stand-alone GPS Receivers (TSO-C 129 Class A)
FAA Order 8400.10	HBAT 95-09, Guidelines for Operational Approval of Global Positioning System (GPS) to Provide the Primary Means of Class II Navigation in Oceanic and Remote Areas of Operation

3. Hintergrund

3.1 Nachdem das NAVSTAR GPS vom amerikanischen Verteidigungsministerium (Department of Defense/DOD) und Verkehrsministerium (Department of Transportation/DOT) für voll einsatzfähig erklärt wurde (Full Operational Capability/FOC), können die von diesem System gelieferten Informationen von der zivilen Luftfahrt genutzt werden.

3.2 Von den Joint Aviation Authorities (JAA) wurde beschlossen, die künftige Entwicklung von satellitengestützten Navigationssystemen durch allen Mitgliedsstaaten gemeinsame Übergangsrichtlinien für die Verwendung von GPS zu unterstützen. Ziel ist die Entwicklung eines globalen, satellitengestützten Navigationssystems (Global Navigation Satellite System/GNSS) unter ziviler Kontrolle. **In der Übergangsphase zum GNSS und zur frühzeitigen Nutzung der Systemvorteile muß eine Erweiterung der bestehenden, militärisch kontrollierten Systeme GPS und GLONASS erfolgen.** Hierzu können z.B. geostationäre Satelliten, bodengestützte Integritätsmonitorsysteme oder zivil genutzte Satelliten in Verbindung mit Integritätsprüfsystemen an Bord von Luftfahrzeugen, wie die empfängerautonome Integritätsprüfung (Receiver Autonomous Integrity Monitoring/RAIM), kombiniert werden. Andere Verfahren, bei denen das Navigationssystem die Daten weiterer installierter Sensoren, wie z.B. INS, DME, für die Integritätsbestimmung der GPS-Navigationssignale nutzt, können ebenfalls verwendet werden.

Hinweis: Das russische Navigationssystem GLONASS ist seit dem 05.02.1996 für voll einsatzfähig erklärt worden. Zur Zeit existieren jedoch keine bei der JAA anerkannten Bauvorschriften für GLONASS-Empfänger.

3.3 Die JAA-Übergangsrichtlinien für die Verwendung von GPS orientieren sich, soweit wie möglich, an den veröffentlichten Richtlinien der FAA. Es ergeben sich jedoch zwangsläufig einige Abweichungen aufgrund der unterschiedlichen nationalen Luftraumstrukturen und des für die Positionsbestimmung gewählten Bezugssystems.

3.4 Es wird davon ausgegangen, daß die für Flugsicherung und Flugplätze zuständigen staatlichen Stellen die notwendigen Schritte einleiten werden, um die Verwendung von GPS zu genehmigen und bekanntzugeben.

3.5 In dieser Bekanntmachung steht der Begriff „Anflug" immer für „Nichtpräzisionsanflug".

4. Begriffsbestimmungen

GPS-Geräte Kategorie A(): Geräte, die sowohl über einen GPS-Sensor als auch über Navigationsfähigkeit verfügen. Diese Geräte besitzen die RAIM-Funktion nach FAA TSO-C 129().

GPS-Geräte Kategorie B(): GPS-Sensoren, die Daten an ein integriertes Navigationssystem (z.B. Flugmanagementsystem, Multisensorsystem) übermitteln (FAA TSO-C 129()).

GPS-Geräte Kategorie C(): Geräte, die Daten an ein integriertes Navigationssystem (z.B. Flugmanagementsystem, Multisensorsystem) übermitteln und zur Reduzierung flugtechnischer Fehler mit einem Autopiloten oder Flight Director gekoppelt sind (FAA TSO C 129()).

Receiver Autonomous Integrity Monitoring (RAIM) (Empfängerautonome Integritätsprüfung): Ein Verfahren, bei dem ein GPS-Empfangsprozessor die Integrität der GPS-Navigationslösung ausschließlich anhand von GPS-Signalen sowohl mit als auch ohne externe Höheninformation bestimmt. Die Bestimmung erfolgt durch eine Konsistenzprüfung redundanter Pseudorange Messungen. Für die RAIM-Funktion muß dem Empfänger zusätzlich zu den für die Navigation erforderlichen Satelliten mindestens ein weiterer Satellit zur Verfügung stehen (FAA AC 20-138, AC 90-94).

GPS Stand-alone-Geräte, die nicht mit anderen Navigationssensoren oder Navigationssystemen, wie z.B. DME, Loran-C oder Inertialsystemen, kombiniert werden. GPS Stand-alone-Geräte können jedoch mit Zusatzfunktionen ausgestattet sein, wie z.B. die barometrische Höhenstützung (altimetry smoothing) oder Extrapolation der Messung von Zeitwerten (clock coasting) etc. (FAA AC 20-138).

Anmerkung: siehe hierzu Tabelle 11.1 Geräteklassifizierung.

5. Musterzulassung

(...)

Anmerkung: Kriterien für die Musterzulassung von IFR Empfängern wurden weggelassen.

5.1 Allgemeines

(...)

Anmerkung: Bezug auf Advisory Circulars (AC's) und Technical Standard Orders (TSO) der amerikanischen Luftfahrtbehörde FAA weggelassen.

5.2 Lufttüchtigkeitskriterien

Folgende ACs der FAA sind als Zulassungsbasis für den Einbau von GPS-Geräten zu verwenden:

AC 20-130A für Multisensorsysteme, die GPS-Daten verwenden
AC 20-138 für GPS Stand-alone-Geräte.

GPS Stand-alone-Geräte müssen außer nach AC 20-138 auch nach FAA TSO-C 129 zugelassen werden.

Für alle Geräteklassen muß die Integrität entweder durch die empfängerautonome Integritätsprüfung (RAIM) oder ein gleichwertiges Verfahren gewährleistet werden, z.B. durch den Vergleich mit anderen zugelassenen Sensoren innerhalb eines Multisensorsystems.

(...)

Anmerkung: Geräteklassifizierung nach TSO-C 129 wurde weggelassen; siehe hierzu Abschnitt 11.2.

5.3 Zusatzkriterien für die Nachweisführung nach dem Einbau

Damit die Forderungen der FAA Advisory Circulars zur Verifizierung der GPS-Genauigkeit bei der Auswertung von Flugversuchen erfüllt werden können, müssen die Positionsdaten in WGS-84 Koordinaten vorliegen.

5.4 Zusatzkriterien für GPS Stand-alone-Geräte (...)

Anmerkung: Kriterien für die Musterzulassung von IFR Stand-alone-Geräten wurden weggelassen.

6. Betriebliche Kriterien

Die vorliegenden JAA-Übergangsrichtlinien beschreiben annehmbare Kriterien für den Betrieb über Ozeanen, im Streckenflug, im Nahverkehrsbereich und beim Anflug, vorbehaltlich der unten aufgeführten Einschränkungen. Es wird dabei vorausgesetzt, daß die entsprechende Einbaugenehmigung/Musterzulassung erteilt worden ist.

Die betrieblichen Kriterien gelten für die Nutzung von GPS-Geräten in allen Luftfahrzeugen, die nach Instrumentenflugregeln in Übereinstimmung mit JAA-Vorschriften betrieben werden. Die Nutzung von GPS für alle anderen Betriebsarten unterliegt den jeweiligen nationalen Vorschriften.

(...)

Anmerkung: Verweis auf Flughandbuch und Mindestausrüstungsliste wurde weggelassen.

Die Verwendung der von GPS gelieferten Höheninformation für vertikale Navigation ist nicht gestattet.

6.1 Verwendung von GPS über Ozeanen, im Streckenflug und im Nahverkehrsbereich (SID/STAR)

Die folgende Tabelle umfaßt die betrieblichen Voraussetzungen für die Verwendung von GPS beim IFR-Betrieb über Ozeanen, im Streckenflug über Land und im Nahverkehrsbereich (SID/STAR).

Ozeane/entlegene Gebiete	Streckenflug	Nahverkehrsbereich (SID/STAR)
Siehe Ziffer 7.0	Herkömmliche Navigationssysteme für IFR-Betrieb müssen zur Verfügung stehen, um den Flug bei Integritätsverlust fortsetzen zu können. * Die Integrität muß durch RAIM oder ein gleichwertiges Verfahren überprüft werden. Siehe Anmerkung 1.	Herkömmliche Navigationssysteme für IFR-Betrieb müssen zur Verfügung stehen, um den Flug bei Integritätsverlust fortsetzen zu können. * Die Integrität muß durch RAIM oder ein gleichwertiges Verfahren überprüft werden. Siehe Anmerkungen 1, 2 und 3.

Anmerkungen:

1. **Bei Anwendung dieser Bestimmungen gilt:**
   a) die zur Fortsetzung des Fluges bei Integritätsverlust erforderlichen bodengestützten Funknavigationsanlagen sind betriebsbereit, und
   b) die entsprechende Luftfahrzeugausrüstung, unabhängig von GPS, ist betriebsbereit.
2. **Das der Datenbank entnommene Verfahren muß den offiziell veröffentlichten SID/STAR-Verfahren entsprechen.**
3. **Vor der Durchführung von SID/STAR-Verfahren muß**
   a) der Staat, auf dessen Gebiet sich der Flugplatz befindet, die Verwendung von GPS für das von ihm festgelegte Verfahren genehmigen/veröffentlichen,
   b) der Staat des Luftfahrtunternehmers/Eintragungsstaat (soweit zutreffend) dem Luftfahrtunternehmer eine Genehmigung zur Durchführung dieser Verfahren erteilen.

Anmerkung: Der Punkt Ozeane/entlegene Gebiete wurde weggelassen. Beachten Sie, daß Sie für Operationen im Nahverkehrsbereich die Vorgaben nach Anmerkung 2 und 3 erfüllen müssen! Denken Sie daran, daß die verwendete Dantenbank aktuell sein muß (AIRAC-Zyklus alle 28 Tage – siehe Abschnitt 3.0)!

6.2 Verwendung von GPS-Geräten für Nichtpräzisionsanflüge

In Ergänzung zu Punkt 6.1 kann ein GPS-gestütztes Navigationssystem für alle Phasen eines nach Instrumenten durchgeführten Nichtpräzisionsanfluges verwendet werden.

Dazu müssen die folgenden Voraussetzungen erfüllt und überprüft werden, soweit dies in der Flugvorbereitung erforderlich ist:

a) Der Staat des Luftfahrtunternehmers/Eintragungsstaat (soweit zutreffend) hat die Verwendung von Multisensorgeräten mit GPS-Sensor oder GPS-Geräte der Klasse A1 (Stand-alone-Geräte) für diesen Zweck genehmigt;

b) der Staat, auf dessen Gebiet sich der Flugplatz befindet, hat ein Anflugverfahren für die Verwendung von GNSS/GPS genehmigt/veröffentlicht;

c) das veröffentlichte Anflugverfahren basiert auf WGS-84-Koordinaten;

d) die Navigationsdatenbank enthält die aktuellen Daten für den zu fliegenden Nichtpräzisionsanflug (aktueller AIRAC-Zyklus);

e) die in der Datenbank gespeicherten Navigationsdaten entsprechen in der Reihenfolge der Anzeige dem veröffentlichten Nichtpräzisionsanflugverfahren;

f) die in der Navigationsdatenbank enthaltenen Wegpunkte des Nichtpräzisionsanfluges können von der Besatzung nicht verändert werden;

g) die entsprechende Bordausrüstung für die zu fliegende Strecke vom Zielflughafen zu jedem erforderlichen Ausweichflughafen und für den Anflug dieses Flughafens ist im Luftfahrzeug eingebaut und betriebsbereit. Die entsprechenden bodengestützten Navigationshilfen sind in Betrieb;

h) das der Datenbank entnommene Verfahren muß dem offiziell veröffentlichten Anflugverfahren entsprechen.

Anmerkung: Siehe auch Abschnitt 12.0 GPS Anflüge.

6.2.1 Overlay Approaches

Bei einem Overlay Approach kann der Pilot das GPS-Gerät für die Durchführung bestehender Nichtpräzisionsanflugverfahren nach Instrumenten verwenden. Im Sinne dieses Dokumentes beschränkt sich dies auf die Überlagerung von Anflugverfahren, die auf VOR, VOR/DME oder VORTAC, NDB, und NDB/DME basieren.

In Ergänzung zu Punkt 6.2 muß die Einhaltung des veröffentlichten Verfahrens anhand der Anzeigen bodengestützter Navigationshilfen kontrolliert werden.

Die für das veröffentlichte Anflugverfahren erforderlichen, bodengestützten Navigationshilfen und die zugehörige Bordausrüstung müssen in Betrieb sein.

Anmerkung: Siehe auch Abschnitt 12.2 GPS „Overlay-Anflüge".

6.2.2 GNSS/GPS Stand-alone-Anflüge

Bei einem GNSS/GPS Stand-alone-Anflug handelt es sich um ein Nichtpräzisionsanflugverfahren, das ausschließlich auf GNSS/GPS basiert und bei dem kein Bezug zu bodengestützten Navigationshilfen besteht.

In Ergänzung zu Punkt 6.2 müssen dabei folgende Voraussetzungen vorliegen:

a) die empfängerautonome Integritätsprüfung (RAIM oder ein gleichwertiges Verfahren) ist verfügbar;

b) die Anforderungen unter Punkt 5.4(a) (Step Detection und Health Word Checking) für Geräte der Klasse A1 (Stand-alone-Geräte) werden erfüllt;

c) das veröffentlichte Anflugverfahren wird als GNSS/GPS-Anflug identifiziert (z.B. GNSS/GPS RWY 27);

d) während der Flugvorbereitungsphase eines IFR-Fluges:

- wird ein Ausweichflughafen für den Bestimmungsflughafen gefordert, muß am Ausweichflughafen die Landung nach einem Anflugverfahren möglich sein, das nicht auf GNSS/GPS basiert;
- wird kein Ausweichflughafen für den Bestimmungsflughafen gefordert, muß am Bestimmungsflughafen die Landung nach einem Anflugverfahren möglich sein, das nicht auf GNSS/GPS basiert;
- RAIM-Prädiktion oder ein gleichwertiges, vom Flugsicherungsunternehmen angebotenes Vorhersageverfahren wird verwendet, welches sicherstellt, daß eine Integritätsprüfung (RAIM oder ein gleichwertiges Verfahren) am Bestimmungsflughafen zur voraussichtlichen Ankunftszeit verfügbar ist.

e) Wird ein Ausweichflughafen für den Start/Streckenflug gefordert, muß an dem jeweiligen Ausweichflughafen die Landung nach einem Anflugverfahren möglich sein, das nicht auf GNSS/GPS basiert.

f) Ein Fehlanflugverfahren, das auf herkömmlichen Navigationsverfahren basiert, ist zusätzlich zum GNSS/GPS-Fehlanflugverfahren verfügbar.

Anmerkung: Siehe Abschnitte 7.6 RAIM, 12.1 FDE und 12.3 „Stand-alone-Anflüge".

7. **Kriterien für die Verwendung von GPS auf Flügen über Ozeane/entlegene Gebiete**

(...)

Anmerkung: Abschnitt 7 der NfL wurde komplett weggelassen. Sollten Sie einen solchen Einsatz vorhaben, lesen Sie bitte in der originalen NfL nach.

II. Durchführungsbestimmungen

II.1 Stand-alone-GPS-Empfänger für VFR-Betrieb

II.1.1 Die Forderung nach einer Musterzulassung für Stand-alone-GPS-Empfänger für den VFR-Betrieb wird bis auf weiteres ausgesetzt.

II.1.2 Die Installation der GPS-Anlage muß nach Herstellerunterlagen von einem luftfahrttechnischen Betrieb (LTB), in dessen Anerkennungsumfang die elektronische Ausrüstung des entsprechenden Luftfahrzeugmusters enthalten ist, durchgeführt werden.

Für Segelflugzeuge und Motorsegler, in denen als Flugsicherungsausrüstung gemäß FSAV **nur ein UKW-Sende-/Empfangsgerät installiert ist, gilt folgende Regelung:**

- Die Installation der GPS-Anlage muß nach Herstellerunterlagen geschehen und kann von einer sachkundigen Person durchgeführt werden. Die Nachprüfung ist von einem LTB mit dem Anerkennungsumfang Motorsegler und Segelflugzeuge durchzuführen.
- Als Prüfpersonal muß ein Prüfer Kl. 3 mit der Fachrichtung VHF-Sprechfunkanlagen tätig werden.

II.1.3 Es ist ein **Hinweisschild „GPS nur für VFR“** oder **„GPS VFR only“ deutlich sichtbar in der Nähe des Anzeigegerätes anzubringen.**

II.1.4 Unabhängig von dieser Regelung kann ein Hersteller den Antrag auf Musterzulassung nach § 4 der Luftverkehrszulassungsordnung (LuftVZO) stellen. Die Grundlage für die Musterzulassung ist die TSO-C 129(). Nach Erstellung einer entsprechenden europäischen Bauvorschrift (JTSO) wird auch diese Anwendung finden.

Hinweise für den GPS-Einsatz unter Sichtflugregeln (VFR)

Aus der bei Flugunfalluntersuchungen im Zusammenhang mit GPS-Einsatz bei VFR-Flügen gewonnenen Erfahrung wird empfohlen, die folgenden Grundsätze zu berücksichtigen:

- GPS kann ausreichende Sichtwetterbedingungen nicht ersetzen.
- Flugführung und Beibehaltung der Fluglage müssen unter allen Umständen durch den Luftfahrzeugführer gewährleistet werden.
- Mit der Bedienung des GPS-Empfängers vertraut zu sein, setzt eine gründliche Einweisung und regelmäßiges Training voraus.
- Auch bei GPS-Nutzung ist eine umfassende Flugvorbereitung unbedingt notwendig.
- Bei „direct-to"-Funktionen unbedingt das Höhenprofil des Geländes, von Hindernissen und die Luftraumstruktur beachten.
- Navigationsunterstützung mit GPS-Geräten erfordert eine kontinuierliche Nutzung während des Fluges, d.h. Einschalten oder Programmieren in kritischen Situationen kann zu zusätzlichen Streßsituationen führen.

Anmerkung: Lesen Sie hierzu auch Abschnitt 3.0 Gefahren beim Einsatz von GPS!

II.2 Stand-alone-GPS-Empfänger für IFR-Betrieb

II.2.1 **Für diese GPS-Empfänger ist gemäß LuftVZO eine Musterzulassung erforderlich. Zulassungsbasis ist die TSO-C 129().**

II.2.2 **Für die Installation in ein Luftfahrzeug sind folgende Voraussetzungen zu erfüllen:**

a) Der GPS-Empfänger ist gemäß LuftVZO, § 1 Abs.1 Nr. 11, vom LBA als Muster zugelassen. Die Erstinstallation wird als große Änderung eingestuft und unterliegt somit einer ergänzenden Musterprüfung des Luftfahrzeugs.

b) Die Installation der GPS-Anlage muß nach anerkannten Herstellerunterlagen von einem LTB, in dessen Anerkennungsumfang die elektronische Ausrüstung des entsprechenden Luftfahrzeugmusters einschließlich GPS-Anlagen enthalten ist, durchgeführt werden.

c) Die Musterzulassung des GPS-Empfängers ist gemäß LuftVZO § 1 Abs. 2 in die Musterzulassung des Luftfahrzeugs einbezogen und gilt dann nur für die Verwendung des GPS-Empfängers in Luftfahrzeugen dieses Musters, bzw. es gelten die Angaben in der EMZ für Luftfahrzeuge.

II.2.3 Für den IFR-Betrieb ist folgende Voraussetzung zu erfüllen:
Die durch die erste bzw. dritte Durchführungsverordnung zur Betriebsordnung von Luftfahrtgeräten (1. bzw. 3. DVO LuftBO) und FSAV geforderte IFR-Navigationsausrüstung muß in jedem Fall vorhanden und betriebsbereit sein (siehe hierzu auch I.1.3).

II.3 Multisensorsysteme mit GPS

II.3.1 Diese Systeme unterliegen gemäß LuftVZO der Musterzulassung durch das Luftfahrt-Bundesamt. Zulassungsbasis ist die TSO-C 129() i.V.m. TSO-C 115b.

II.3.2 Für die Installation in ein Luftfahrzeug sind, abhängig von der Komplexität des Systems und der Vernetzung mit anderen Systemen, die folgenden Verfahren möglich:

a) Das Multisensorsystem ist gemäß LuftVZO, § 1 Abs. 1 Nr. 11, vom LBA als Muster zugelassen. Die Installation oder Änderungen der Systemkonfiguration, die eine Änderung der Funktionalität nach sich ziehen, werden als große Änderung eingestuft und unterliegen somit einer ergänzenden Musterprüfung des Luftfahrzeugs.

b) Die Musterzulassung des Multisensorsystems ist gemäß LuftVZO § 1 Abs. 2 in die Musterzulassung des Luftfahrzeugs einbezogen und gilt dann nur für die Verwendung des Multisensorsystems in Luftfahrzeugen dieses Musters.

II.3.3 Für den IFR-Betrieb ist folgende Voraussetzung zu erfüllen: Die durch die 1. bzw. 3. DVO LuftBO und FSAV geforderte IFR-Navigationsausrüstung muß in jedem Fall vorhanden und betriebsbereit sein (siehe hierzu auch I.1.3).

II.3.4 Bei Nutzung von GPS-Daten in Multisensorsystemen ist eine GPS-Betriebsanzeige erforderlich und muß bei Anflügen nach GNSS/GPS-Verfahren sichtbar sein. Bei Nichtverfügbarkeit des GPS-Sensors darf das GNSS/GPS-Verfahren nicht genutzt werden.

II.4 Kopplung mit Autopilot/Flight Director

II.4.1 Das GPS-Navigationssystem darf auf den Autopilot/Flight Director aufgeschaltet werden. Das Datenformat der GPS-Schnittstelle muß mit dem des jeweiligen Autopilot/Flight Director-Systems kompatibel sein.

II.4.2 Bei Aufschaltung auf den Autopiloten/Flight Director ist eine visuelle Kontrollanzeige vorzusehen, die dem Luftfahrzeugführer eindeutig den Betriebsmodus anzeigt (GPS oder NAV [für VOR, LOC, ILS]).

III. Nationale flugbetriebliche Regelungen (...)

Anmerkung: Nationale flugbetriebliche Regelungen wurden weggelassen.

Anhang A (...)

Anmerkung: Systembeschreibung GPS (Anhang A) wurde weggelassen.

Informationen zum Thema GPS sowie eine Übersicht bereits zugelassener GPS-Empfänger sind im Internet abrufbar unter:

http://www.lba.de.

Die Bekanntmachung in den Nachrichten für Luftfahrer NfL II – 73/94 wird hiermit aufgehoben
(Der Direktor des Luftfahrt-Bundesamtes).

11.4 Auszüge aus der Bekanntmachung über die Musterzulassung und Verwendung von Flächennavigationsausrüstung vom 24.10.1997 (NfL II – 95/97)

Auch in diesem Abschnitt ist der **Originaltext hellblau unterlegt**. **Wichtige Stellen** sind **dunkelblau** herausgestellt, **weggelassener Text** ist durch das **Symbol (...)** gekennzeichnet. Wer den Inhalt genauer benötigt, möge bitte in der entsprechenden NfL nachlesen. Es geht mir darum zu zeigen, wieviel Gedanken sich die Zulassungsbehörden machen, bevor sie ein System genehmigen, um Unfälle aufgrund von Fehlfunktionen auszuschließen. Nach der Lektüre dieses Buches sollten Sie in der Lage sein, die Notwendigkeit für diese Forderungen nachzuvollziehen.

I. Allgemeines

I.1 Gültigkeitsbereich

I.1.1 Die nachfolgenden Verfahren sind sowohl für gewerblich als auch nichtgewerblich betriebene Luftfahrzeuge anzuwenden.

I.1.2 Die Bestimmungen der Verordnung über die Flugsicherungsausrüstung der Luftfahrzeuge (FSAV) bleiben unberührt.

I.1.3 Die Regelungen dieser Bekanntmachung beziehen sich insbesondere auf technische Forderungen sowie flugbetriebliche Verfahrensanweisungen und Regelungen. Betriebsverfahren werden von der DFS Deutsche Flugsicherung GmbH festgelegt.

I.1.4 Voraussetzung für die Musterzulassung von Flächennavigationssystemen ist auch die Erfüllung fernmeldetechnischer Forderungen, sofern sie durch Rechtsvorschriften gefordert werden.

I.1.5 Die in Kapitel 4.4 genannten annehmbaren Nachweisverfahren z.B. AC's bedingen bei nachträglicher Einrüstung eine ergänzende Musterprüfung.

I.1.6 Es muß hier zwischen der separaten Musterzulassung des Systems und der Musterzulassung bzw. der Änderung der Musterzulassung für das/die jeweilige Luftfahrzeugmuster/-baureihe unterschieden werden.

I.1.7 Genehmigungen, die auf der Basis der NfL II – 66/96 erteilt wurden, behalten weiterhin ihre Gültigkeit.

Anmerkung: zu I.1.7: Beachten Sie, daß die NfL II – 66/96 zwar aufgehoben ist, nach ihr erteilte Genehmigungen jedoch weiterhin gültig sind!

JAA-LEAFLET Nr. 2, Rev. 1, AMJ 20X2–JAA (...)

Anmerkung: Das JAA-Leaflet Nr. 2 enthält B-RNAV Richtlinien für den europäischen Luftraum, ist also sozusagen die Grundlage dieser NfL.

PRÄAMBEL (...)

Anmerkung: Präambel zum JAA-Leaflet wurde weggelassen.

1. Zweck

Dieses Dokument enthält Richtlinien für die Musterzulassung und die betrieblichen Verfahren beim Gebrauch von Flächennavigationssystemen (Basic-RNAV) im zugewiesenen und veröffentlichten europäischen Luftraum. (...)

2. Anwendungsbereich

(...)

Die Erfüllung der in diesem Leaflet enthaltenen Richtlinien ist nicht gleichzusetzen mit einer betrieblichen Zulassung/Berechtigung zur Durchführung von Flächennavigation (Basic-RNAV). Hierzu müssen die Betreiber von Luftfahrzeugen einen Antrag bei der zuständigen Behörde stellen.

(...)

Anmerkung: Hier wurde eine umfangreiche Liste der verschiedenen anzuwendenden Dokumente der amerikanischen Luftfahrtbehörde FAA, der europäischen Luftfahrtbehörde JAA, der Flugsicherung ATC sowie der EUROCAE gestrichen.

3. Systembeschreibung

Bei der Flächennavigation (RNAV) handelt es sich um ein Navigationsverfahren, mit dem ein Luftfahrzeug auf jedem gewünschten Flugweg innerhalb der Reichweite von bodengestützten Navigationshilfen oder innerhalb der Betriebsgrenzen von bordautonomen Navigationshilfen operieren kann. Auch eine Kombination beider Verfahren ist möglich. Flächennavigationssysteme führen eine automatische Positionsbestimmung unter Verwendung eines oder mehrerer der nachfolgenden Sensoren durch. Sie sind mit einer Einrichtung zur Bestimmung und Einhaltung des gewünschten Flugweges verbunden.

VOR/DME
DME/DME
INS* oder IRS
LORAN C*
GPS*

Anmerkungen:
1. *siehe auch Kapitel 4.4.2 (Einschränkungen bei der Anwendung von Flächennavigationssystemen)
2. Aufgrund der geplanten Abschaltung der Omega-Bodenstationen werden diese Sensoren für die Flächennavigation (Basic-RNAV) zukünftig keine Rolle mehr spielen.

4. Musterzulassung

4.1 Anforderungen an Flächennavigationssysteme (Basic-RNAV)

4.1.1 Genauigkeit

Die Zulassung für Flächennavigation (Basic-RNAV) im europäischen Luftraum ist an Mindestanforderungen gebunden:

- Kurshaltegenauigkeit mindestens +/- 5 NM,
- Verfügbarkeit mindestens während 95 % der Flugzeit.

Dieser Wert schließt Signalfehler einer Quelle, Flugzeugempfängerfehler, Anzeigesystemfehler und flugtechnische Fehler mit ein.

Diese Navigationsleistung setzt eine ausreichende Abdeckung durch bodengestützte oder satellitengestützte Navigationshilfen für die geplante Flugroute voraus.

4.1.2 Verfügbarkeit und Integrität (...)

Die Mindestwerte für Verfügbarkeit und Integrität, die für die Verwendung von Flächennavigationssystemen (Basic-RNAV) im zugewiesenen und veröffentlichten europäischen Luftraum erforderlich sind, können durch ein einzelnes System mit einem oder mehreren Sensoren, Flächennavigationsrechner, Kontrollanzeigeeinheit und ein oder mehreren Navigationsanzeigen (z.B. ND, HSI oder CDI) erfüllt werden. Voraussetzung hierfür ist, daß das System von der Flugbesatzung beobachtet wird und das Luftfahrzeug im Falle eines Systemfehlers die Fähigkeit hat, nach bodengestützten Navigationsverfahren zu navigieren (z.B. VOR, DME und NDB).

4.2 Funktionsmerkmale

4.2.1 Erforderliche Funktionen

Die folgenden Systemfunktionen gelten als Mindestanforderungen für die Durchführung von Flächennavigation (Basic-RNAV):

a) Kontinuierliche Anzeige der Flugzeugposition bezogen auf den Kurs über Grund, im primären Sichtfeld des Pilot Flying.
Im Falle einer Mindestbesatzung bestehend aus 2 Piloten muß zusätzlich die Flugzeugposition bezogen auf den Kurs über Grund, im primären Sichtfeld des Pilot Not Flying angezeigt werden können.
b) Anzeige von Entfernung und Richtung zum aufgerufenen Wegpunkt (TO).
c) Anzeige der Geschwindigkeit über Grund oder der Zeit zum aufgerufenen Wegpunkt (TO).
d) Speichermöglichkeit von mindestens 4 Wegpunkten.
e) Geeignete Fehleranzeige des Flächennavigationssystems einschließlich der Sensoren.

4.2.2 Zusatzfunktionen (...)

Anmerkung: Hinweis auf empfohlene Systemfunktionen und Ausrüstungsmerkmale wurde weggelassen.

4.3 Flughandbuch – MMEL (Master Minimum Equipment List) (...)

Anmerkung: Hinweis über geforderte Inhalte im Flughandbuch sowie in der Mindestausrüstungsliste wurde weggelassen.

4.4 Flächennavigationssysteme (BASIC-RNAV) – Annehmbare Nachweisverfahren

4.4.1 Annehmbare Nachweisverfahren (...)

Anmerkung: Verweis auf entsprechende AC'c bzw. TSO's der FAA wurde weggelassen.

4.4.2 Einschränkungen bei der Verwendung von Flächennavigationssystemen

Obwohl die folgenden Systeme flächennavigationsfähig sind, beinhalten sie einige Einschränkungen.

4.4.2.1 INS (...)

Anmerkung: Einfache INS Systeme sind nicht oder nur eingeschränkt B-RNAV fähig.

4.4.2.2 LORAN C (...)

4.4.2.3 GPS

Die Verwendung von GPS für Flächennavigation (Basic-RNAV) ist auf Geräte beschränkt, die nach TSO-C 129() zugelassen sind und die in Kapitel 4.2.1 aufgeführten Mindestanforderungen erfüllen. Die Integrität ist durch die empfängerautonome Integritätsprüfung (RAIM) oder ein gleichwertiges Verfahren innerhalb eines Multisensor-Navigationssystems zu gewährleisten.

Die Ausrüstung muß in Übereinstimmung mit JAA TGL No. 3 zugelassen sein. Zusätzlich zu diesen Forderungen müssen GPS Stand-alone-Geräte über folgende Funktionen verfügen:

a) Pseudorange step detection
b) Health word checking

Diese beiden Zusatzfunktionen werden in Übereinstimmung mit FAA TSO-C 129a gefordert.

Herkömmliche Navigationssysteme (z.B. VOR, DME und ADF) müssen als Alternative zum GPS eingebaut und betriebsbereit sein.

Anmerkung:

Wird die GPS Stand-alone Ausrüstung als einziges Flächennavigationssystem an Bord eines Luftfahrzeuges verwendet, so kann diese Ausrüstung den Anforderungen einer zukünftigen Luftraum-Infrastruktur, gekennzeichnet durch Präzisions-Flächennavigationsstrecken, An- und Abflugverfahren und die Stillegung herkömmlicher bodengestützter Navigationssysteme als Folge eines ergänzten Satellitennavigationssystems (z.B. EGNOS, LAAS), möglicherweise nicht gerecht werden.

5. Betriebliche Verfahrensanweisungen für GPS Stand-alone-Geräte

5.1 Allgemeines

GPS Stand-alone-Geräte, die in Übereinstimmung mit den Richtlinien des JAA TGL Nr. 3 zugelassen sind, können, vorbehaltlich der in diesem Dokument genannten betrieblichen Einschränkungen, für Flächennavigation (Basic-RNAV) genutzt werden. Die Anwendung dieser Geräte muß nach Verfahren erfolgen, die den Anforderungen der Behörde genügen.

Die Flugbesatzung muß in geeigneter Weise in die Handhabung und Bedienung von GPS Stand-alone-Geräten für die in Kapitel 5.2 und 5.3 beschriebenen normalen und außergewöhnlichen betrieblichen Verfahren eingewiesen sein.

5.2 Normale Verfahren

Die Verfahren für die Anwendung von Navigationsausrüstung auf Basic-RNAV-Strecken sollten folgendes umfassen:

Anmerkung zu a): Für den deutschen Luftraum wird eine GPS-RAIM Verfügbarkeitsprüfung zunächst nicht gefordert (Details siehe im DFS AIC IFR 11/97). In anderen europäischen Staaten kann es abweichende Regelungen geben.

a) Während der Flugvorbereitungsphase sollte mit einer GPS-Konstellation von bis zu 23 Satelliten (bis zu 22 Satelliten für GPS Stand-alone-Geräte mit barometrischer Höhenstützung) eine GPS - (RAIM) Verfügbarkeitsprüfung für den geplanten Flug (Flugstrecke und Flugzeit) durchgeführt werden. Hierzu sollten ein Vorhersageprogramm, das entweder vom Boden aus durchgeführt wird oder als Systemfunktion vorliegt, oder ein alternatives Verfahren, das den Anforderungen der zuständigen Behörde genügt, verwendet werden.

   Der Flug sollte nicht durchgeführt werden, wenn für irgendeinen Teil der geplanten Flugstrecke ein kontinuierlicher Integritätsverlust von mehr als 5 Minuten vorhergesagt wird.

b) Bei Geräten mit eingebauter Navigationsdatenbank ist vor Beginn des Fluges die Gültigkeit der Datenbankbasis zu überprüfen (aktueller AIRAC-Zyklus).

c) Herkömmliche Navigationssysteme (z.B. VOR, DME und ADF) sind entlang der geplanten Flugstrecke auf ihre Verfügbarkeit hin zu überprüfen, um im Falle des Verlustes der GPS sofort auf herkömmliche Navigationsverfahren zurückgreifen zu können.

5.3 Außergewöhnliche Verfahren bei Verlust der GPS - Navigationsfähigkeit

Die betrieblichen Verfahren legen fest, welche Tätigkeiten von der Flugbesatzung durchzuführen sind, wenn das GPS Stand-alone-Gerät einen Verlust der Integritätsprüfungsfunktion (RAIM-Funktion) oder das Überschreiten der Alarmgrenze für die Integrität (fehlerhafte Position) anzeigt.

Die betrieblichen Verfahren umfassen folgendes:

a) Bei Verlust der RAIM-Funktion können die GPS Stand-alone-Geräte weiterhin für die Navigation genutzt werden. Die Flugbesatzung sollte jedoch versuchen, eine Gegenkontrolle der Luftfahrzeugposition durchzuführen, wenn möglich mit Hilfe von VOR, DME und NDB Daten, um die Navigationsleistung als ausreichend zu bestätigen. Ist dies nicht möglich, sollte die Flugbesatzung auf ein alternatives Navigationssystem zurückgreifen.

b) Bei Überschreiten der Alarmgrenze muß die Flugbesatzung auf ein alternatives Navigationssystem zurückgreifen.

ANHANG 1 (...)

Anmerkung: Forderungen an RAIM Prediction Programm, nationale flugbetriebliche Regelungen sowie Abkürzungsverzeichnis wurden weggelassen.

Die Bekanntmachung in den Nachrichten für Luftfahrer NfL II – 66/96 wird hiermit aufgehoben
(Der Direktor des Luftfahrt-Bundesamtes).

12.0 GPS Anflüge

12.1 FDE – Fault Detection and Exclusion

Für Instrumentenanflüge mit GPS ist RAIM eine unabdingbare Voraussetzung. RAIM Empfänger sind in der Lage, bestimmte Satelliten aus ihrer Positionsberechnung zu entfernen, um die Übernahme falscher Daten zu vermeiden.

RAIM ist eine Möglichkeit zur Integritätsprüfung. Aufwendige Multisensorsysteme können andere Verfahren anwenden. Man spricht von Systemen zur **„Fault Detection and Exclusion" (FDE).** Empfänger mit FDE-Funktion sind in der Lage, defekte Satelliten oder fehlerhafte Entfernungsmessungen zu identifizieren und zu isolieren. Dabei kann die Einspeisung externer Daten nützlich sein.

Barometrische Höhendaten, die der Empfänger erhält, können dazu genutzt werden, die **FDE-Funktion** schneller zu machen, beziehungsweise die Zahl der erforderlichen Satelliten herabzusetzen.

Der Ausfall von RAIM kann unter anderem folgende Gründe haben:

- Eine unzureichende Anzahl von Satelliten in Sicht.
- Schlechte Satellitengeometrie (GDOP).
- Abschattung der Antenne am Flugzeug.
- Dopplerverschiebung durch schnelles Manövrieren des Flugzeuges.

Ohne FDE/RAIM kein IFR Anflug!

Für bestimmte deutsche Flughäfen wird von der DFS ein GPS/RAIM Status Report herausgegeben, in dem die Zeiten veröffentlicht werden, in denen RAIM nicht zur Verfügung stehen kann.

```
*************************************************
* This is a prototype system under evaluation by *
*                                               *
*                  G E R M A N                  *
*                                               *
*  A I R   N A V I G A T I O N   S E R V I C E S *
*                                               *
* Information on this page shall not be used    *
* for flight briefing until further notice.     *
*************************************************
```

```
***************************
*  GPS/RAIM STATUS REPORT  *
***************************
```

Date: 27/08/1998 Time of Request: 15:02

RAIM Prediction Period From: 27/08/1998 00:10 UTC
To: 29/08/1998 00:09 UTC

Number of GPS Satellites in Constellation: 27

PRN# 1, 2, 3, 4, 5, 6, 7, 8, 9, 10, 13, 14, 15, 16, 17
18, 19, 21, 22, 23, 24, 25, 26, 27, 29, 30, 31

Number of Operational SVs: 27

Satellite(s) Scheduled Out of Service: NONE

NPA RAIM OUTAGES (Based on 7.5 Degrees Mask Angle):
Outages >= 5 Minutes in Duration Reported

ID	Start	End	Duration (min)
EDDM	980827 06;23	980827 06:39	16
EDDM	980828 06;19	980828 06:35	16
EDMA	980827 06;23	980827 06:38	15
EDMA	980828 06;18	980828 06:33	15
EDVE	980827 04;19	980827 04:33	14
EDVE	980827 07;05	980827 07:21	16
EDVE	980828 04;15	980828 04:29	14
EDVE	980828 07;01	980828 07:17	16

```
**********************************
*  END OF GPS/RAIM STATUS REPORT  *
**********************************
```

Bild 12.1 GPS/RAIM Status Report der DFS

12.2 GPS „Overlay-Anflüge"

Die Idee hinter den Overlay-Anflügen ist recht einfach. Man hat über ein bestehendes und zugelassenes Instrumenten Anflugverfahren einen GPS Anflug gelegt. Auf diese Art und Weise ist die Zulassung des Verfahrens stark beschleunigt worden. Das Anflugblatt ist typischerweise mit „NDB-DME(GPS) RWY26R" überschrieben.

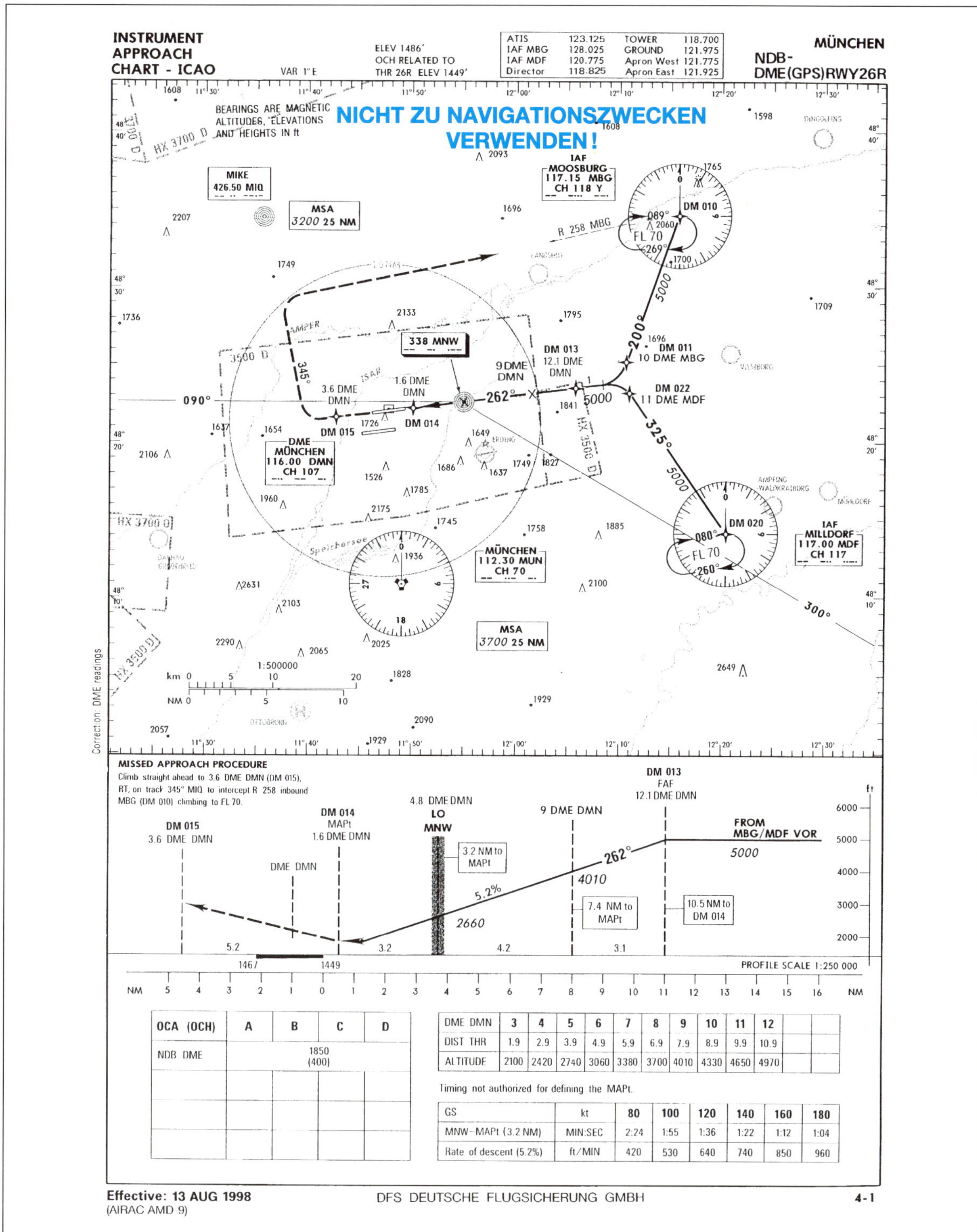

Bild 12.2 Beispiel für einen Overlay-Approach – **Nur für Übungszwecke verwenden!**

München

NICHT ZU NAVIGATIONSZWECKEN VERWENDEN!

NDB - DME (GPS) RWY 26R/26L

WAY POINT LIST (WGS 84)

RWY 26 R from MBG

DM 010 (IAF MBG)	48 34 24.267 N	12 15 39.600 E
DM 011 (TP 10 DME MBG)	48 25 00.091 N	12 10 30.190 E
DM 013 (FAF 12.1 DME DMN)	48 23 19.065 N	12 05 39.239 E
DM 014 (MAPt)	48 22 04.227 N	11 50 00.917 E
DM 015 (TP 3.6 DME DMN)	48 21 28.789 N	11 42 19.732 E
DM 010 (MAHP MBG)	48 34 24.267 N	12 15 39.600 E

RWY 26 R from MDF

DM 020 (IAF MDF)	48 14 04.933 N	12 20 14.656 E
DM 022 (TP 11 DME MDF)	48 23 04.990 N	12 10 46.813 E
DM 013 (FAF 12.1 DME DMN)	48 23 19.065 N	12 05 39.239 E
DM 014 (MAPt)	48 22 04.227 N	11 50 00.917 E
DM 015 (TP 3.6 DME DMN)	48 21 28.789 N	11 42 19.732 E
DM 010 (MAHP MBG)	48 34 24.267 N	12 15 39.600 E

RWY 26 L from MBG

DM 010 (IAF MBG)	48 34 24.267 N	12 15 39.600 E
DM 012 (TP 10.8 DME MBG)	48 23 46.213 N	12 12 53.526 E
DM 023 (FAF 15.1 DME DMS)	48 22 16.835 N	12 09 07.956 E
DM 024 (MAPt)	48 20 44.715 N	11 49 01.287 E
DM 026 (TP 2.1 DME DMS)	48 20 18.323 N	11 43 33.397 E
DM 025 (MUN)	48 10 49.301 N	11 48 57.613 E
DM 020 (MAHP MDF)	48 14 04.933 N	12 20 14.656 E

RWY 26 L from MDF

DM 020 (IAF MDF)	48 14 04.933 N	12 20 14.656 E
DM 021 (TP 8.9 DME MDF)	48 21 33.664 N	12 13 01.834 E
DM 023 (FAF 15.1 DME DMS)	48 22 16.835 N	12 09 07.956 E
DM 024 (MAPt)	48 20 44.715 N	11 49 01.287 E
DM 026 (TP 2.1 DME DMS)	48 20 18.323 N	11 43 33.397 E
DM 025 (MUN)	48 10 49.301 N	11 48 57.613 E
DM 020 (MAHP MDF)	48 14 04.933 N	12 20 14.656 E

DATA BASE IDENTIFIER (WGS 84)

RWY 26 R

IF (13.1 DME DMN)	48 23 26.193 N	12 07 08.623 E
STF (9 DME DMN)	48 22 56.970 N	12 01 02.171 E
STF (NDB MNW)	48 22 27.360 N	11 54 50.914 E

RWY 26 L

IF (16.1 DME DMS)	48 22 23.659 N	12 10 37.363 E
STF (9 DME DMS)	48 21 35.210 N	12 00 02.646 E
STF (NDB MSW)	48 21 08.559 N	11 54 13.557 E

Effective: 13 AUG 1998 (AIRAC AMD 9) DFS DEUTSCHE FLUGSICHERUNG GMBH **4 - APPENDIX A**

Bild 12.3 Beispiel einer Koordinatenliste für einen Overlay-Approach – **Nur für Übungszwecke verwenden!**

Denken Sie daran, die Koordinaten zu überprüfen! Beachten Sie unbedingt die NfL II - 97/98!

12.3 GPS „Stand-alone-Anflüge“

Stand-alone-Anflüge sind typischerweise mit **„GPS RWY 26R“** überschrieben.

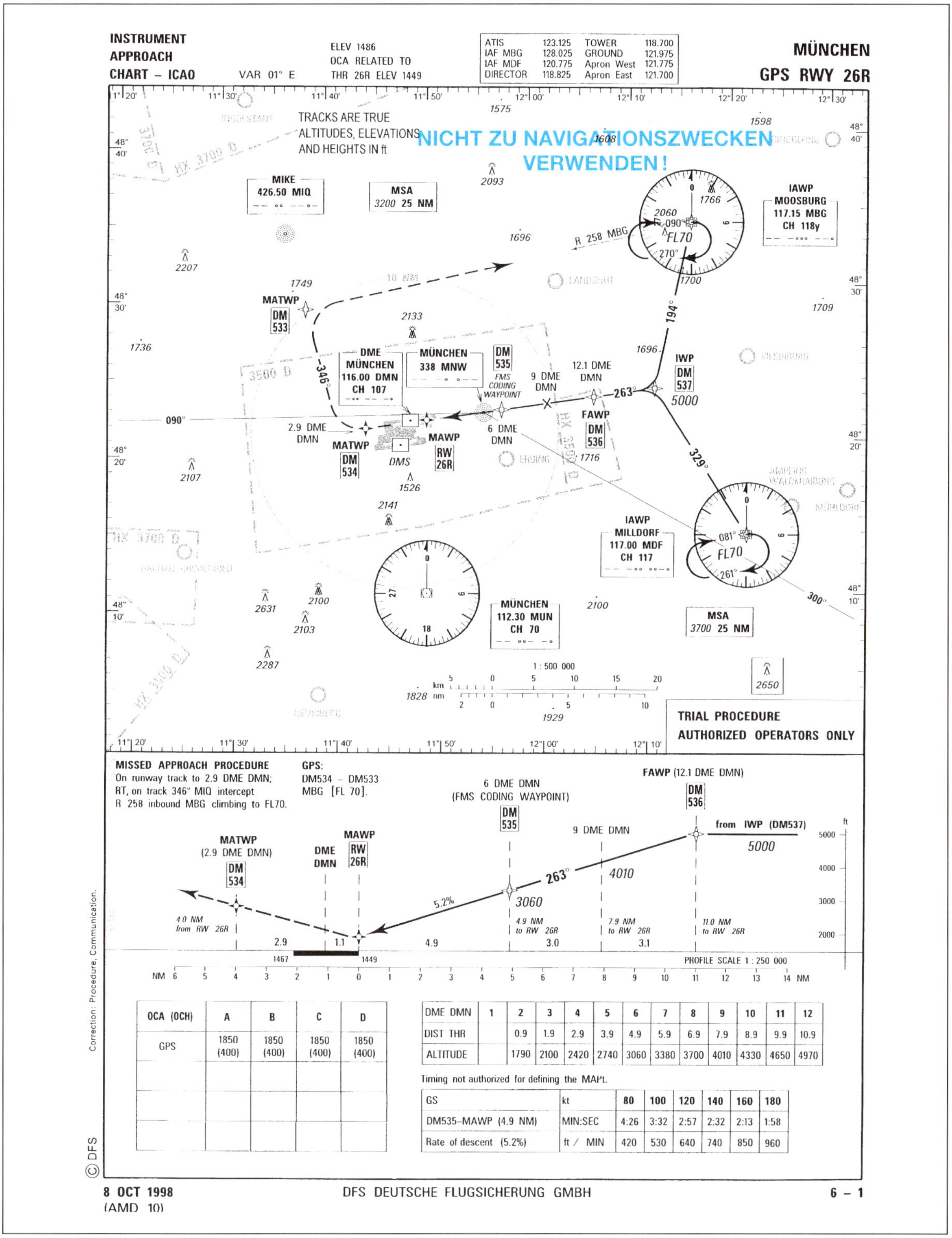

Bild 12.4 Beispiel eines Anflugblattes für einen GPS Anflug – **Nur für Übungszwecke verwenden!**

NICHT ZU NAVIGATIONSZWECKEN VERWENDEN !

München
GPS RWY 26R/26L

WAY POINT LIST (WGS 84)

RWY 26 R from Moosburg VOR/DME

Moosburg VOR/DME (IAWP)	N 48 34 24.267	E 012 15 39.600
DM 537 (IWP 15 DME DMN)	N 48 23 41.531	E 012 11 37.732
DM 536 (FAWP 12.1 DME DMN)	N 48 23 14.665	E 012 05 39.876
DM 535 (6 DME DMN)*	N 48 22 33.814	E 011 56 36.310
RW 26R (MAWP)	N 48 22 00.793	E 011 49 16.222
DM 534 (MATWP 2.9 DME DMN)	N 48 21 32.871	E 011 43 20.287
DM 533 (MATWP)	N 48 29 19.942	E 011 37 40.681
Moosburg VOR/DME (MAHP)	N 48 34 24.267	E 012 15 39.600

RWY 26 R from Milldorf VOR/DME

Milldorf VOR/DME (IAWP)	N 48 14 04.933	E 012 20 14.656
DM 537 (IWP 15 DME DMN)	N 48 23 41.531	E 012 11 37.732
DM 536 (FAWP 12.1 DME DMN)	N 48 23 14.665	E 012 05 39.876
DM 535 (6 DME DMN)*	N 48 22 33.814	E 011 56 36.310
RW 26R (MAWP)	N 48 22 00.793	E 011 49 16.222
DM 534 (MATWP 2.9 DME DMN)	N 48 21 32.871	E 011 43 20.287
DM 533 (MATWP)	N 48 29 19.942	E 011 37 40.681
Moosburg VOR/DME (MAHP)	N 48 34 24.267	E 012 15 39.600

RWY 26 L from Moosburg VOR/DME

MOOSBURG VOR/DME (IAWP)	N 48 34 24.267	E 012 15 39.600
DM 548 (IWP 19.1 DME DMS)	N 48 22 41.717	E 012 15 04.437
DM 547 (FAWP 15.1 DME DMS)	N 48 22 15.071	E 012 09 09.974
DM 546 (5.1 DME DMS)*	N 48 21 08.129	E 011 54 15.796
RW 26L (MAWP)	N 48 20 41.247	E 011 48 16.612
DM 545 (MATWP 1.7 DME DMS)	N 48 20 22.040	E 011 44 07.683
München VOR/DME (MATWP)	N 48 10 49.279	E 011 48 57.659
Milldorf VOR/DME (MAHP)	N 48 14 04.933	E 012 20 14.656

RWY 26 L from Milldorf VOR/DME

Milldorf VOR/DME (IAWP)	N 48 14 04.933	E 012 20 14.656
DM 548 (IWP 19.1 DME DMS)	N 48 22 41.717	E 012 15 04.437
DM 547 (FAWP 15.1 DME DMS)	N 48 22 15.071	E 012 09 09.974
DM 546 (5.1 DME DMS)*	N 48 21 08.129	E 011 54 15.796
RW 26L (MAWP)	N 48 20 41.274	E 011 48 16.612
DM 545 (MATWP 1.7 DME DMS)	N 48 20 22.040	E 011 44 07.683
München VOR/DME (MATWP)	N 48 10 49.279	E 011 48 57.659
Milldorf VOR/DME (MAHP)	N 48 14 04.933	E 012 20 14.656

* FMS CODING WAYPOINT

DATA BASE IDENTIFIER (WGS 84)

RWY 26 R

STF (9 DME DMN)	N 48 22 53.947	E 012 01 04.452

RWY 26 L

STF (9 DME DMS)	N 48 21 34.291	E 012 00 04.497

8 OCT 1998 (AMD 10) DFS DEUTSCHE FLUGSICHERUNG GMBH **6 - APPENDIX A**

Bild 12.5 Beispiel einer Koordinatenliste für einen GPS Anflug – **Nur für Übungszwecke verwenden!**

Stand-alone-Anflüge basieren nicht auf bereits bekannten Anflugverfahren, sondern sind völlig neu entwickelte Anflugverfahren. Entsprechend langwierig ist die Zulassung. Auch wenn auf den Anflugkarten noch konventionelle Navigationshilfen angegeben sind, ist deren Nutzung nicht vorgeschrieben. Sie dienen allerdings zur Überprüfung der Navigation. Beachten Sie unbedingt die NfL II - 97/98!

Beachten Sie bitte: Aus dem ehemaligen **Initial Approach Fix (IAF)** wird ein **Initial Approach Way Point (IAWP)**. Ein IAWP liegt frei im Raum. Daß in diesem Fall Moosburg bzw. Milldorf VOR direkt darüber liegen, ist Zufall und für einen GPS Stand-alone-Approach nicht notwendig (Bedeutung IAF und IAWP siehe Abschnitt 15.)!

12.3.1 Y-Approach-Design

Bei neu entwickelten GPS Anflügen wird das von ICAO in der PANS OPS Richtlinie empfohlene Y-Design zur Anwendung gebracht. Darunter versteht man einen Aufbau des Anfluges, der einem „Y" ähnelt. In den vorher gezeigten Anflugblättern von München ist das Y-Design gut zu erkennen.

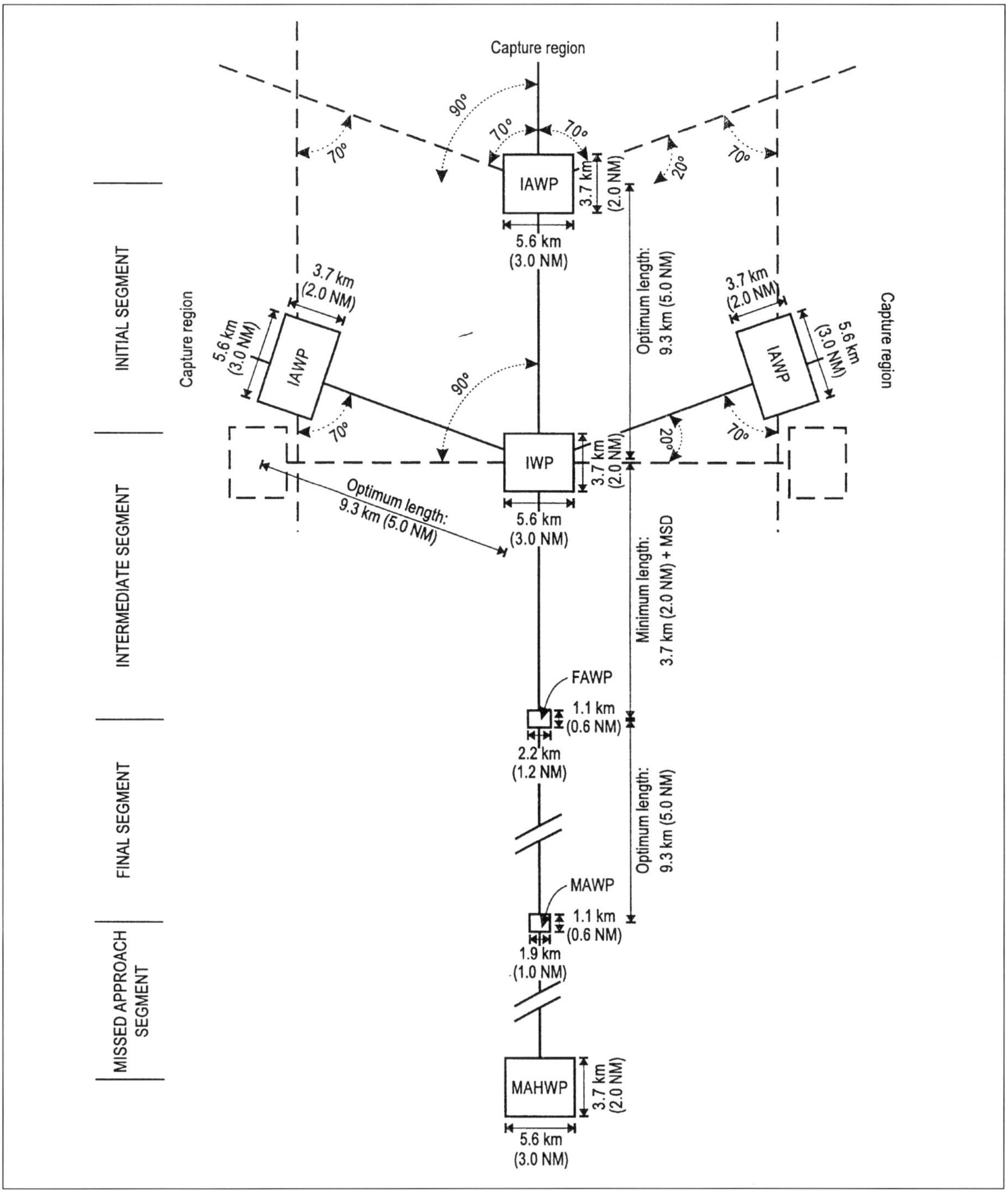

Bild 12.6 Y-Approach-Design der ICAO PANS OPS

Die Amerikaner verwenden als Standard Anflug das sogenannte Basic-T-Design. Im Unterschied zum Y-Design hat es die Form eines T.

13.0 Zusammenfassung

Das Satellitennavigationssystem **NAVSTAR GPS** wurde bereits in den siebziger Jahren als Studie vorgestellt. Übersetzt heißt **NAVSTAR GPS** nichts anderes als

Navigation System with Time and Ranging - Global Positioning System,

also auf Laufzeitmessungen basierendes globales Navigationssystem. Das System wurde von den US amerikanischen Militärs entwickelt und 1993 zur vollen Funktionsfähigkeit gebracht. Die Weiterentwicklung des GPS ist bis heute in vollem Gange.

In den Zeiten des kalten Krieges haben auch die **Russen** ein eigenes Satellitennavigationssystem entwickelt. Sein Name ist

GLONASS - Global Orbiting Navigation Satellite System.

Obwohl es qualitativ dem amerikanischen System mindestens gleichwertig ist, fand es im Westen bisher wenig Verbreitung.

Für die **Zukunft** werden eigene Systeme auf der gleichen Basis von weiteren Anbietern erwartet. Als **Oberbegriff für Satellitennavigationssysteme** wird der Begriff

Global Navigation Satellite System - GNSS

verwendet.

Um mit einem solchen System wirklich weltweit navigieren zu können, mußte man sich auf ein weltweit einheitliches Vermessungssystem einigen. Das **World Geodetic System of 1984 - WGS-84** wurde etabliert.

Das **GPS liefert dem Nutzer die Position und die Höhe bezogen auf WGS-84** sowie **die Zeit**. Während die Umrechnung von Koordinaten anderer bis dahin üblicher Vermessungssysteme beziehungsweise die Neuvermessung ein relativ leicht zu lösendes Problem darstellt, ist die Nutzung der Höhendaten aus dem GPS in der Luftfahrt bis heute nicht möglich.

Der **Aufbau des Systems** läßt sich in drei Segmente zerlegen: Das **Raumsegment**, das **Kontrollsegment** und das **Nutzersegment**.

Das **Raumsegment** besteht aus den NAVSTAR Satelliten (auch Space Vehicle SV genannt) auf ihren genau festgelegten und überprüften Umlaufbahnen.

Das **Kontrollsegment** beinhaltet die Bodenstationen, die permanent Satellitensignale empfangen und wenn erforderlich Korrekturnachrichten an die Satelliten senden.

Das **Nutzersegment** schließlich sind Sie und alle anderen GPS Nutzer. Ein **GPS Empfänger** wird als **GPSSU**, also **Global Positioning System Sensor Unit** bezeichnet.

Das **Funktionsprinzip** basiert auf der **Messung von Laufzeiten**: Wenn ich genau weiß, wann ein Signal ausgesendet wurde, und die Empfangszeit genau bestimmen kann, bin ich in der Lage, die Strecke zu berechnen, die das Signal zurückgelegt hat. Voraussetzung ist natürlich, daß ich die **Ausbreitungsgeschwindigkeit** des **Signals** kenne.

Die vier Unbekannten (geographische Länge, geographische Breite, Höhe über dem Ellipsoid, Uhrenfehler des Empfängers) kann ich mit vier Gleichungen lösen. Das heißt zur **dreidimensionalen Navigation** muß ich **mindestens vier Satelliten** empfangen und auswerten. Die **Satellitenbahnen** lassen sich mit den **Gesetzen von Kepler und Newton** beschreiben.

Momentan senden **NAVSTAR GPS Satelliten** auf zwei **Frequenzen, L1 und L2**. Das **gesendete Satellitensignal** heißt **PRN - Pseudo Random Noise**. Nach Auswertung von vier Satelliten ist der GPS Empfänger in der Lage, dreidimensional zu navigieren. Die **Zeit**, die der **Empfänger** benötigt, bis er zum ersten Mal eine Position ausgeben kann, nennt man **Time to First Fix**.

Obwohl GPS ein hochgenaues Navigationssystem darstellt, sind einige **Fehlerquellen** zu berücksichtigen:

Neben dem **Uhrenfehler des Empfängers**, dem **Ionosphärenfehler**, **Störungen des Satellitensignals**, **ungünstiger Satellitenkonstellation** etc. bringt vor allem ein Fehler das Navigationssystem in Verruf, der sich der Kontrolle der Verantwortlichen entzieht. Er läßt sich in der Regel zwischen zwei Kopfhöhrermuscheln lokalisieren.

Die **Genauigkeit der GPS Position** hängt auch davon ab, ob man in der Lage ist, den hochgenauen militärischen **P-Code** auszuwerten. Zivile Empfänger müssen sich in der Regel mit dem etwas ungenaueren **C/A Code** begnügen.

Ein **GPS Empfänger errechnet aus den empfangenen Signalen seine Position**. Sollte er fehlerhafte Signale erhalten, errechnet er ebenfalls eine falsche Position, ohne den Nutzer zu warnen. Um dieser Möglichkeit vorzubeugen, wurde **RAIM** erdacht. Das **Receiver Autonomous Integrity Monitoring** ist ein System, das durch den Vergleich mehrerer Satellitensignale ein falsches Signal erkennen und gegebenenfalls herausfiltern kann.

Auch der fortlaufende Vergleich einer GPS Position mit anderen Positionsbestimmungen (z.B. auf der Basis von Funknavigation oder Trägheitsnavigation) kann fehlerhafte Signale erkennen und eliminieren. Man spricht von **Fault Detection and Exclusion - FDE**.

Speziell für den **Instrumentenflug bei schlechten Wetterbedingungen** hat sich GPS als nicht völlig problemlos erwiesen. Es wurden Systeme zur Erhöhung der Genauigkeit entwickelt. Vorreiter war das vom Militär kommende **Differential GPS - DGPS**. Dabei empfangen Bodenstationen, deren Position genauestens vermessen ist, alle ankommenden Satellitensignale. Sollten sich Differenzen zu ihrer bekannten Position ergeben, senden sie **Korrektursignale** an entsprechende Empfänger aus.

Das **Wide Area Augmentation System WAAS** funktioniert ähnlich. Nur werden die **Korrektursignale über Satellit verbreitet.** So wird eine große Fläche versorgt. Allerdings erreicht die Genauigkeit nicht immer die Werte für hochpräzise Schlechtwetteranflüge.

Diese Genauigkeit kann über das **Local Area Augmentation System LAAS** erreicht werden. Hierbei steht eine **Empfangs-/Sendeeinheit für Korrektursignale** genau am zu versorgenden Flugplatz.

Parallel zu diesen amerikanischen Systemen entwickeln die Europäer **EGNOS**.

Das **European Geostationary Navigation Overlay System**

sendet Korrekturdaten für den europäischen Raum.

Um eine einheitliche **Betriebsgrundlage** zu schaffen, wurden im Laufe der Zeit von vielen Institutionen **Empfehlungen und Vorschriften für den Einsatz von GPS in der Luftfahrt herausgegeben.** Die wichtigsten Dokumente in Deutschland sind momentan die **NfL II - 97/98** (Zulassung und Verwendung von GPS) und die **NfL II 95/97** (Flächennavigation). Da sich das System in stetiger Weiterentwicklung befindet, werden dies nicht die letzten Vorgaben zum Umgang mit GPS bleiben.

Auf dem Gebiet der **GPS gestützten Instrumentenanflüge** unterscheidet man zwischen zwei Typen. Zum einen der **„Overlay-Anflug"**, bei dem ein GPS Verfahren über einen bestehenden Anflug gelegt wird. Zum anderen die **„Stand-alone-Anflüge"**, die neu entwickelte GPS Anflüge sind. Beide Vefahren werden zur Zeit in Deutschland eingeführt und wohl bald zum Instrumentenflug-Repertoire gehören.

Wie auch immer Sie GPS einsetzen, beachten Sie bitte Abschnitt 3 – Gefahren beim Einsatz von GPS – dieses Buches. Machen Sie sich mit der Bedienung Ihres Gerätes vertraut!

Ihren Taschenrechner können Sie auch nach langer Nicht-Benutzung bedienen. Ihren Computer wahrscheinlich nicht. Auch moderne GPS Geräte haben sehr komplexe Bedienoberflächen.

14.0 Ausblick

Trotz aller Vorsicht, die man beim Gebrauch dieses neuen Systems walten lassen sollte – **GPS** beziehungsweise **GNSS** hat **herausragende Vorteile** gegenüber anderen, herkömmlichen Radionavigationseinrichtungen!

- Weltweite Nutzung ist möglich.
- Die Anzahl der Nutzer ist nicht begrenzt.
- Das Navigationssystem ist wetterunabhängig.
- Die gelieferte Genauigkeit ist im Vergleich zu anderen Navigationssystemen sehr hoch.
- Die Kosten für den Nutzer sind (momentan noch) extrem gering.
- Die Navigation ist nicht mehr an Funkfeuer und Luftstraßen gebunden.

Für den weltweiten Luftverkehr ergeben sich beträchtliche Vorteile. So ist es zum Beispiel vorstellbar, in entlegenen Gegenden dieser Erde ohne erheblichen Aufwand GPS Anflüge zu installieren. Ein weiterer Vorteil ist die mögliche Einführung von **Automatic Dependent Surveillance**, kurz **ADS.**

ADS ist Bestandteil des **Future Air Navigation System – FANS**. In Gebieten mit schlechter Radarüberdeckung wurde bisher mit mindestens 15 Minuten Abstand hintereinander hergeflogen. Dadurch wurde die maximale Anzahl aller Flugbewegungen in diesen Gebieten stark limitiert.

Durch die relativ hohe Genauigkeit von integrierten Navigationssystemen beim Einsatz von GPS kann man nun wesentlich mehr Flugzeuge in der gleichen Zeit durch diese Gebiete fliegen lassen. Die einzelnen Flugzeuge bestimmen nicht nur ihre jeweilige Position mit Hilfe von GPS, sondern senden gleichzeitig entsprechend genaue Positionsangaben an einen Satelliten. Von dort werden die Daten an ein Kontrollzentrum weitergeleitet, so daß eine radarähnliche Überwachung dargestellt werden kann. ADS wurde 1995 im pazifischen Luftraum erfolgreich getestet.

Darüber hinaus ist ein Einsatz zur **Verminderung von AIRPROX Fällen**, also **gefährlichen Annäherungen,** denkbar. Wenn zwei Transponder ihre Position, Höhe und Geschwindigkeit austauschen können, können sie im Falle eines Falles den jeweiligen Flugzeugführern Ausweichempfehlungen geben. Sind den Transpondern die im FMS gespeicherten Routen der Luftfahrzeuge bekannt, so können solche Ausweichempfehlungen bereits vorausschauend erteilt werden.

Die Krönung des Ganzen stellt dann das **„Free Flight Concept“** dar. Damit ist gemeint, daß Luftfahrzeuge nicht mehr an irgendwelche Routen gebunden sind, sondern die im FMS gespeicherte Routen- und Höhenauswahl frei mit den Daten anderer Luftfahrzeuge koordiniert werden kann.

Auf diese Art und Weise kann der Luftraum wesentlich effizienter genutzt werden. Betrachtet man die ökonomischen Vorteile für die kommerzielle Luftfahrt, so ist klar, daß diese Entwicklung neue Dimensionen eröffnet – für die Flugsicherheit und die Effizienz.

Abkürzung	Bedeutung	Deutsche Erläuterung
AAIM	Aircraft Autonomous Integrity Monitoring	Im Luftfahrzeug integriertes System zur Überwachung der Navigationsgenauigkeit
AC	Advisory Circular	Technische Mitteilung der amerikanischen Luftfahrtbehörde FAA
A/D	Analog to Digital	Bezeichnet die Umwandlung eines analogen in ein digitales Signal
ADF	Automatic Direction Finder	Navigationsgerät auf der Basis ungerichteter Funkfeuer
ADS	Automatic Dependent Surveillance	Überwachungssystem des Luftverkehrs auf der Basis von Transpondersignalen, die die exakte Position des Luftfahrzeuges übermitteln
AFB	Air Force Base	Stützpunkt der US amerikanischen Luftwaffe
AFM	Aeroplane Flight Manual	Flug- und Betriebshandbuch eines Luftfahrzeuges
AIC	Aeronautical Information Circular	Entspricht einer deutschen NfL; herausgegeben von der FAA
AIP	Aeronautical Information Publication	Luftfahrthandbuch
AIM	Aeronautical Information Manual	Sammlung von Luftfahrtinformationen und -vorschriften
AIME	Autonomous Integrity Monitoring Extrapolation	Im Luftfahrzeug integriertes System zur Überwachung der Navigationsgenauigkeit mit Hilfe mehrerer Navigationsgeräte
AMJ	Advisory Material Joint	Mitteilungen der europäischen Luftfahrtbehörde JAA
ANP	Actual Navigation Performance	Aktuelle Navigationsgenauigkeit – vgl. RNP
AS	Anti Spoofing	Maßnahmen zur Verhinderung der Störung von Satellitensignalen
ATC	Air Traffic Control	Englischer Begriff für Flugsicherung
AUTONAV	Autonomous Navigation	Fähigkeit zur Überprüfung der Genauigkeit der Navigationsdaten von Block IIR Satelliten
BCD	Binary Code Decimal	Binär-Code
B-RNAV	Basic Area Navigation	Flächennavigation mit relativ geringer Navigationsgenauigkeit
C/A Code	Coarse Aquisition	Ziviles, relativ ungenaues Navigationssignal des GPS
CCW	Coded Continous Wave	Kodiertes Dauersignal
CDI	Course Deviation Indicator	Ablageanzeiger gekoppelt mit einem Navigationsgerät – meist VOR
CGS	Civil GPS Service	Service für den zivilen GPS Nutzer
CSC	Carrier Smoothed Code	Geglätteter Code
CW	Continous Wave	Dauersignal
DAC	Digital to Analog Converter	Umwandler, der digitale in analoge Signale wandelt
DGPS	Differential Global Positioning System	System zur Erhöhung der GPS Navigationsgenauigkeit
DHDN	„Deutsches Haupt-Dreiecks Netz“	Deutsches Vermessungssystem

Abkürzung	Bedeutung	Deutsche Erläuterung
DME	Distance Measuring Equipment	Gerät zur Entfernungsmessung
DOD	Department of Defense	US amerikanisches Verteidigungsministerium
DOP	Dilution of Precision	Mögliche Genauigkeit der Positionsbestimmung beim GPS
DOT	Department of Transportation	US amerikanisches Verkehrsministerium
ECAC	European Civil Aviation Conference	Europäische Zivilluftfahrt-Konferenz
ED	EUROCAE Document	Mitteilung der EUROCAE – vgl. EUROCAE
EGNOS	European Geostationary Navigation Overlay Service	Europäisches System zur Erhöhung der GPS Navigationsgenauigkeit
EMI	Electromagnetic Interference	Elektromagnetische Störung
EMP	Electromagnetic Pulse	Elektromagnetischer Impuls
EUROCAE	European Organization for Civil Aviation Electronics	Europäischer Verband zur Abstimmung der Vorschriften für elektronische Komponenten in zivilen Luftfahrzeugen
FAA	Federal Aviation Administration	US amerikanische Luftfahrtbehörde
FAATC	FAA Technical Center	Technische Abteilung der FAA
FAF	Final Approach Fix	Endanflugfix beim Instrumentenanflug
FANS	Future Air Navigation System	Geplante Regelungen zur Navigationsgenauigkeit
FAR	Federal Aviation Regulation	Vorschrift der FAA
FDE	Fault Detection and Exclusion	System zur Integritätsprüfung des GPS Signals
FMS	Flight Management System	Computersystem zur Navigation und Flugdurchführung
FOC	Full Operational Capability	Volle Einsatzbereitschaft
FRP	Federal Radionavigation Plan	Langzeitplan zur Entwicklung der Navigationseinrichtungen in den USA
FRQ	Frequency	Frequenz
GA	Ground Antenna	Bodenantenne
GBAS	Ground Based Augmentation System	bodengestütztes System zur Erhöhung der GPS Genauigkeit
GDOP	Geometric Dilution of Precision	Geometrisch mögliche Positionsgenauigkeit des GPS
GIB	GPS Integrity Broadcast	Integritätsmeldungen zum GPS Signal
GLONASS	Global Orbiting Navigation Satellite System	Russisches Satellitennavigationssystem
GNSS	Global Navigation Satellite System	Oberbegriff aller Satellitennavigationssysteme
GNSSP	Global Navigation Satellite System Master Plan	Langzeitplan zur Entwicklung von Satellitennavigationssystemen
GPS	Global Positioning System	US amerikanisches Satellitennavigationssystem
GPSIC	GPS Information Center	Zentrum zur Verbreitung von Informationen über GPS
GPSSU	GPS Sensor Unit	GPS Empfänger
HDOP	Horizontal Dilution of Precision	Mögliche Positionsgenauigkeit des GPS in der Horizontalen

Abkürzung	Bedeutung	Deutsche Erläuterung
HQ USAF	Headquarters US Air Force	Hauptquartier der US Luftwaffe
IAF	Initial Approach Fix	Anflug Anfangs Fix
IAWP	Initial Approach Way Point	Anflug Anfangs Wegpunkt
ICAO	International Civil Aviation Organization	Internationale Zivilluftfahrt Organisation
IDS	Integrated Display System	Anzeigegerät für mehrere Daten
IFR	Instrument Flight Rules	Instrumentenflugregeln
IGEB	Interagency GPS Executive Board	US amerikanische GPS Kommission
ILS	Instrument Landing System	Instrumentenlandesystem
INMARSAT	International Maritime Satellite Organization	Organisation von Satellitenbetreibern
INS	Inertial Navigation System	Auf Kreiselplattformen basierendes Navigationssystem
IOC	Initial Operational Capability	Vorläufige Einsatzbereitschaft
IRS	Inertial Reference System	Weiterentwicklung des INS
IRU	Inertial Reference Unit	Einzelner Baustein eines IRS
JAA	Joint Aviation Authorities	Europäische Luftfahrtbehörde
JAR	Joint Aviation Regulation	Vorschrift der JAA
JTSO	Joint Technical Standard Order	Technische Vorschrift der JAA
L1	Primäre GPS Frequenz 1575.42 MHz	
L2	Sekundäre GPS Frequenz 1227.6 MHz	
LAAS	Local Area Augmentation System	Örtlich begrenztes System zur Erhöhung der GPS Navigationsgenauigkeit
LADGPS	Local Area Differential GPS	Örtlich begrenztes DGPS System
LOP	Line of Position	Standlinie
LRNS	Long Range Navigation System	Langstrecken-Navigationssystem
MAPt	Missed Approach Point	Fehlanflugpunkt im Instrumentenflug
MASPS	Minimum Aircraft Systems Performance Bord Specifications	Minimale Anforderungen an Systeme von Luftfahrzeugen
MCDU	Multipurpose Control Display Unit	Mehrfach-Ein-/Ausgabegerät für Bordrechnersysteme
MCS	Master Control Station	Hauptkontrollstation des GPS Bodensegments
MEL	Minimum Equipment List	Mindestausrüstungsliste für Luftfahrzeuge
MNPS	Minimum Navigational Performance Specifications	Minimale Anforderungen an die Navigationsgenauigkeit
MOPS	Minimum Operational Performance Standards	Technische Vorschrift zur Festlegung minimaler operationeller Standards
MS	Monitor Stations	Überwachungsstationen
NAD	North American Datum	Vermessungssystem von Nordamerika
NAIM	Non Autonomous Integrity Monitoring	Nicht integrierte Überwachung der Navigationsgenauigkeit eines GPS Empfängers
NAS	National Airspace System	Luftraumstruktur in den USA
NASA	National Aeronautics and Space Administration	Luft- und Raumfahrtanstalt der USA

Abkürzung	Bedeutung	Deutsche Erläuterung
NAV-msg	Navigation Message	Navigationsdaten, die ein GPS Satellit sendet
NAVSTAR	Navigation System with Time and Ranging	Navigationssystem, das auf Messung der Laufzeit beruht → GPS
NNSS	Navy Navigation Satellite System	Satellitennavigationssystem der US Marine
NPA	Non Precision Approach	Nicht-Präzisionsanflug im Instrumentenflug, z.B. NDB Anflug
NRL	Naval Research Laboratory	Forschungslabor der US Marine
NTS	Navigation Technology Satellite	Satellit mit Navigationsausrüstung
NTSB	National Transportation Safety Board	Unfalluntersuchungskommission der USA
OCR-TF	Operational and Certification Requirements Task Force	Arbeitsgruppe zur Erstellung von operationellen und die Zulassung betreffenden Anforderungen von Navigationseinrichtungen der europäischen Flugsicherung EUROCONTROL
PANS OPS	Procedures for Air Navigation Services – Operations (ICAO regulation)	Vorschrift der ICAO über Navigationsverfahren in der Luftfahrt
PAR	Precision Approach Radar	Präzisions-Anflugradar
P-Code	Precision Code	Genaues militärisches GPS Signal
PDOP	Position Dilution of Precision	Mögliche Positionsgenauigkeit der GPS Navigation
PPS	Precise Positioning Service	Navigation mit hochgenauen Navigationssignalen
PRN	Pseudo Random Noise	GPS Satellitensignal
P-RNAV	Precision Area Navigation	Flächennavigation mit hoher Navigationsgenauigkeit
RAIM	Receiver Autonomous Integrity Monitoring	Fähigkeit eines GPS Empfängers, die Integrität des Satellitensignals intern zu überprüfen
RCVR	Receiver	Empfänger
RIP	Required Integrity Performance	Geforderte Leistung einer Integritätsprüfung
RNAV	Area Navigation	Flächennavigation
RNP	Required Navigation Performance	Geforderte Navigationsgenauigkeit – vgl. ANP
RTCA	Radio Technical Comission for Aeronautics	Kommission für Funktechnik in der Luftfahrt
S/A	Selective Availability	Bewußte Verschlechterung der GPS Genauigkeit
SAMSO	Space and Missile Systems Organization	Organisation der Raumfahrt- und Raketentechnik
SATNAV	Satellite Navigation	Satellitennavigation
SGS	Soviet Geodetic System	Russisches Vermessungssystem
SIS	Signal in Space	Funksignal
SNA-G	Satellite Navigation Applications Group	Arbeitsgruppe der europäischen Flugsicherung – EUROCONTROL – zur Anwendung der Satellitennavigation

Abkürzung	Bedeutung	Deutsche Erläuterung
SPS	Standard Positioning Service	Navigation mit dem zivilen Satellitensignal
STC	Supplemental Type Certification	Ergänzende Musterzulassung
SV	Space Vehicle	Satellit
TAI	International Atomic Time	Internationale Atomzeit
TDOP	Time Dilution of Precision	Mögliche Genauigkeit der Zeitbestimmung beim GPS
TERPS	Terminal Instrument Procedures	Instrumentenanflugverfahren
TOA	Time of Arrival	Zeitdifferenz zwischen Sendung und Empfang der PRN Satellitennachricht
TSO	Technical Standard Order	Technische Vorschrift der FAA
UE	User Equipment	Oberbegriff für GPS Empfänger
UERE	User Equivalent Range Error	Fehler von Systemkomponenten des GPS
USAF	United States Air Force	US amerikanische Luftwaffe
USCG	United States Coast Guard	US amerikanische Küstenwacht
USGS	United States Geological Survey	US amerikanisches Vermessungsamt
USNO	United States Naval Observatory	US amerikanische Meeresforschungsstelle
UTC	Universal Time Corrected	Weltzeit
UTM	Universal Transversal Mercator Projection	Art der Mercatorprojektion
VDOP	Vertical Dilution of Precision	Mögliche vertikale Genauigkeit beim GPS
VOR	Very High Frequency Omnidirectional Radio Range	Funkfeuer
WAAS	Wide Area Augmentation System	System zur Erhöhung der großflächigen GPS Genauigkeit
WADGPS	Wide Area Differential GPS	Großflächiges DGPS System; vgl. DGPS
WGS-84	World Geodetic System of 1984	Weltweites Referenzvermessungssystem von 1984
WMS	Wide Area System Master Station	Hauptstation des WAAS Systems; vgl. WAAS
WRS	Wide Area Reference Station	Vermessungsstation des WAAS Systems; vgl. WAAS
WIB	Wide Area Integrity Broadcast	Integritätsmeldung des WAAS Systems; vgl. WAAS

Auch aus dem Hause Schiffmann...

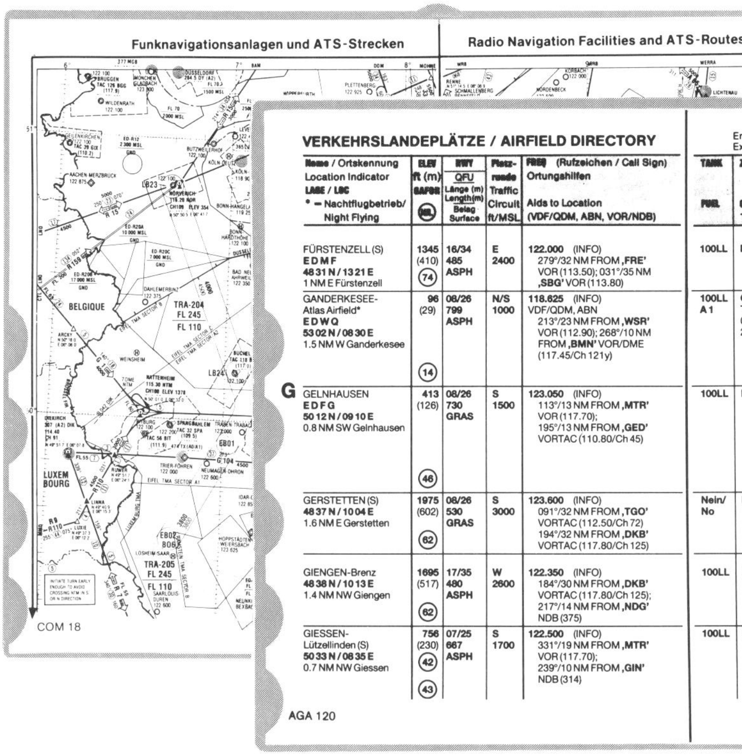

Flieger-Taschenkalender

Wer kennt ihn nicht?

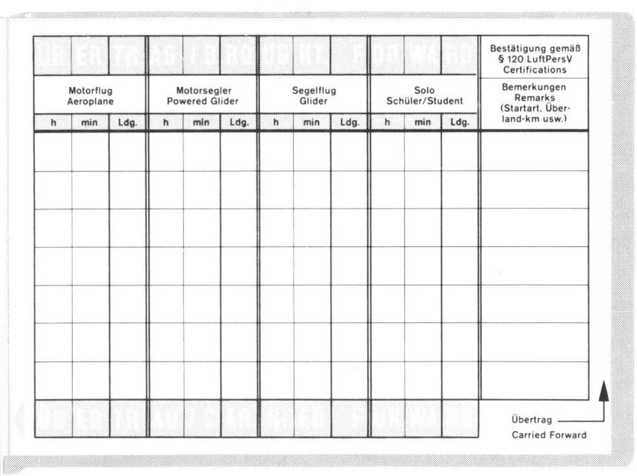

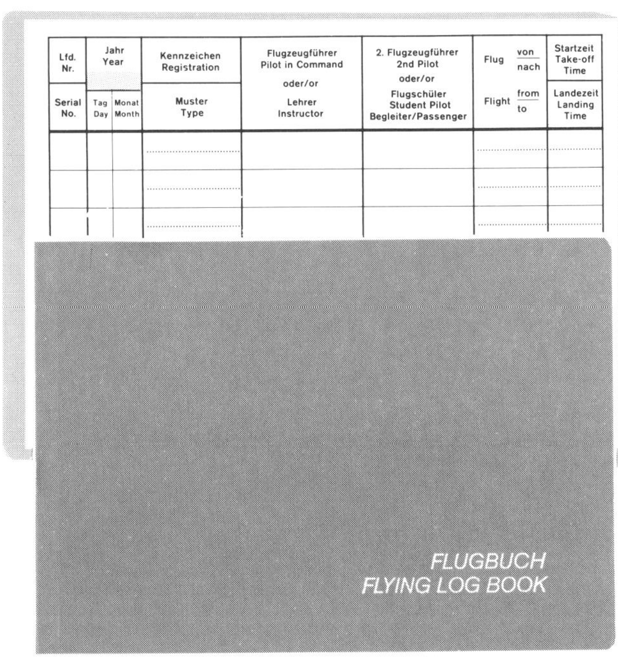

Flugbuch

Zur Erfassung von Flugzeiten
(Motorflug, Motorsegler, Segelflug, UL und Schulflüge)